U0643154

大型火电厂新员工培训教材

燃 料 分 册

托克托发电公司 编

中国电力出版社

CHINA ELECTRIC POWER PRESS

内 容 提 要

本套《大型火电厂新员工培训教材》丛书包括锅炉、汽轮机、电气一次、电气二次、集控运行、电厂化学、热工控制及仪表、环保、燃料共九个分册，是内蒙古大唐国际托克托发电有限公司在多年员工培训实践工作及经验积累的基础上编写而成，以 600MW 及以上容量机组技术特点为主。本套书内容全面系统，注重结合生成实践，是新员工培训以及生产岗位专业人员学习和技能提升的理想教材。

本书为丛书之一《燃料分册》，主要内容包括煤质基础知识、带式输送机及附属设备、斗轮堆取料机、碎煤机、滚轴筛、给料机、采样机、输送带硫化胶接工艺、管状带式输送机。

本书适合作为火电厂新员工的燃料培训教材，以及运行岗位技能提升学习和培训教材，同时可作为高等院校、专业院校相关专业师生的学习参考用书。

图书在版编目（CIP）数据

大型火电厂新员工培训教材. 燃料分册/托克托发电公司编. —北京：中国电力出版社，2020.9
ISBN 978-7-5198-4744-9

Ⅰ.①大… Ⅱ.①托… Ⅲ.①火电厂-燃料-技术培训-教材 Ⅳ.①TM621

中国版本图书馆 CIP 数据核字（2020）第 107445 号

出版发行：中国电力出版社
地　　址：北京市东城区北京站西街 19 号（邮政编码 100005）
网　　址：http：//www.cepp.sgcc.com.cn
责任编辑：宋红梅
责任校对：黄 蓓 于 维
装帧设计：王红柳
责任印制：吴 迪

印　　刷：三河市百盛印装有限公司
版　　次：2020 年 9 月第一版
印　　次：2020 年 9 月北京第一次印刷
开　　本：787 毫米×1092 毫米 16 开本
印　　张：10
字　　数：223 千字
印　　数：0001—2000 册
定　　价：45.00 元

版 权 专 有　侵 权 必 究

本书如有印装质量问题，我社营销中心负责退换

《大型火电厂新员工培训教材》

丛 书 编 委 会

主　　任	张茂清				
副 主 任	高向阳	宋　琪	李兴旺	孙惠海	
委　　员	郭洪义	韩志成	曳前进	张洪彦	王庆学
	张爱军	沙素侠	郭佳佳	王建廷	

本分册编审人员

主　　编	兰　宇	池艳鹏			
编写人员	李　浩	邢锁斌	张志仁	赵振鹿	白志强
	马　明	杨彦宁	亢瑞新	屈红波	曲学华
	成满红	张　超	樊瑞平	王延华	吕春文
	孙雪冰	张　南	白亚利	王　冰	王时雨
	穆晓晖	董文彬	石应山	宋建民	
审核人员	曳前进	韩志成	胡瑞清	菅林盛	

序

　　习近平在中共十九大报告中指出，人才是实现民族振兴、赢得国际竞争主动的战略资源。电力行业是国民经济的支柱行业，近十多年来我国电力发展坚持以科学发展观为指导，在清洁低碳、高效发展方面取得了瞩目的成绩。目前，我国燃煤发电技术已经达到世界先进水平，部分领域达到世界领先水平，同时，随着电力体制改革纵深推进，煤电企业开启了转型发展升级的新时代，不仅需要一流的管理和研究人才，更加需要一流的能工巧匠，可以说，身处时代洪流中的煤电企业，对技能人才的渴望无比强烈、前所未有。

　　作为国有控股大型发电企业，同时也是世界在役最大火力发电厂，内蒙古大唐国际托克托发电有限责任公司始终坚持"崇尚技术、尊重人才"理念，致力于打造一支高素质、高技能的电力生产技能人才队伍。多年来，该企业不断探索电力企业教育培训的科学管理模式与人才评价的有效方法，形成了以员工职业生涯规划为引领的科学完备的培训体系，尤其是在生产技能人才培养的体制机制建立、资源投入、培训方法创新等方面积累了丰富且成功的经验，并于2017年被评为中电联"电力行业技能人才培育突出贡献单位"，2018年被评为国家人力资源及社会保障部"国家技能人才培育突出贡献单位"。

　　本套《大型火电厂新员工培训教材》丛书自2009年起在企业内部试行，经过十余年的实践、反复修订和不断完善，取精用弘，与时俱进，最终由各专业经验丰富的工程师汇编而成。丛书共分为锅炉、汽轮机、电气一次、电气二次、集控运行、电厂化学、热工控制及仪表、燃料、环保九个分册，集中体现了内蒙古大唐国际托克托发电有限责任公司各专业新员工技能培训的最高水平。实践证明，这套丛书对于培养新员工基本知识、基本技能具有显著的指导作用，是目前行业内少有的能够全面涵盖煤电企业各专业新员工培训内容的教材；同时，因其内容全面系统，并注重结合生产实践，也是生产岗位专业人员学习和技能提升的理想教材。

　　本套丛书的出版有助于促进大型火力发电机组生产技能人员的整体技术素质和技能水平的提高，从而提高发电企业安全经济运行水平。我们希望通过本套丛书的编写、出版，能够为发电企业新员工技能培训提供一个参考，更好地推进电力生产人才技能队伍建设工作，为推动电力行业高质量发展贡献力量。

2019 年 12 月 1 日

前 言

本书为《大型火电厂新员工培训教材》之一。

输煤系统是火力发电厂辅助系统重要的组成部分，特别是近年随着火电单机功率越来越高，所需燃煤供应逐步增大，对输煤系统安全稳定性、自动化水平提出了更高的要求。为适应发电厂稳定运行对输煤系统的要求，必须加强输煤系统设备专业培训，增强人员的基础知识和基本技能，提高专业技术队伍的业务素质，造就一支基础扎实、技术过硬、严谨仔细的专业队伍。

内蒙古大唐国际托克托发电有限责任公司目前是世界最大的火力发电厂，一直将人才培养作为重点工作之一，以立足岗位成才、争做大国工匠为目标，内外部竞赛体系有机衔接，使大量高技能人才快速成长、脱颖而出，近几年通过开展培训工作，根据实际经验，总结了常见的输煤系统设备运行原理、结构、故障解决办法等。

本书以入职新员工适应岗位、拓展知识、提升技能为目的，采用理论知识与现场实际相结合，涵盖了输煤系统设备、采制样设备系统等知识要点，阐述了输煤系统工作者在现场工作中遇到的实际问题及应该掌握的岗位技能知识，由点及面、由浅入深、系统地介绍了输煤系统设备基本原理、设备结构、日常维护要求及异常处理方法，并根据各章讲述的基本原理和重要概念在每章后列出了一些思考题，帮助员工复习、巩固和思考。

本书共九章，由兰宇、池艳鹏主编，第一章由王冰、王时雨、穆晓晖、董文彬、石应山、宋建民编写，第二章由兰宇、池艳鹏编写，第三章由李浩、邢锁斌编写，第四章由张志仁、赵振鹿编写，第五章由白志强、马明编写，第六章由杨彦宁、亢瑞新、白亚利编写，第七章由屈红波、曲学华、张南编写，第八章由成满红、张超、孙雪冰编写，第九章由樊瑞平、王延华、吕春文编写。全书由兰宇、池艳鹏统稿，由曳前进、韩志成、胡瑞清、菅林盛对全书进行审核。

本书的编辑出版有助于推进现场输煤从业人员的学习和培训工作，有助于输煤系统专业人员和相关专业技术人员系统、完整的了解、认知、掌握输煤系统基本原理，有助于员工的岗位技能提升和综合素质的培养，为发电厂安全稳定运行做出新的贡献。

由于我们是第一次编写培训教材，经验不足、时间仓促加之编者水平有限、疏漏之处在所难免，希望通过实践的进一步检验，读者能对发现的错误和不足之处给予批评指正，我们将总结经验、不断改进并完善。

编 者

2020 年 03 月

大型火电厂新员工培训教材

燃 料 分 册

第一章

煤 质 基 础 知 识

第一节 煤 的 定 义

一、煤的形成过程

(一) 煤炭的生成

煤炭从某种意义上来说是地壳运动的产物。几亿年前,大量植物的遗体,经过复杂的生物化学和物理化学的长期作用转变为煤,这个过程称为成煤作用。成煤作用过程分成两个阶段,第一阶段植物在浅海或沼泽湖泊中大量繁殖,经微生物的化学作用,低等植物形成腐泥,高等植物形成泥炭;第二阶段泥炭和腐泥因地壳运动下沉,长期受高温、高压作用形成煤,这一阶段也叫煤化阶段。煤化过程是一个增碳化过程,是一个由低级向高级逐渐变化的过程,即煤化作用不断加深,泥炭逐渐变成褐煤、烟煤和无烟煤。

(二) 煤质形成几个重要的成煤时期

(1) 古生代的石炭纪和二叠纪,造煤植物主要是孢子植物。主要煤种为烟煤和无烟煤。

(2) 中生代的侏罗纪和白垩纪,造煤植物主要是裸子植物。主要煤种为褐煤和烟煤。

(3) 新生代的第三纪,造煤植物主要是被子植物。主要煤种为褐煤。

煤质形成几个重复的成煤时期见表1-1,在我国几个最主要的聚煤时期,各成煤时期分别占已发现储量如下:石炭纪占 27.5%,二叠纪占 30.4%,侏罗纪占 38.8%,第三纪占 2.8%,其他占 0.5%。

表 1-1 　　　　　　　　　　　　煤质形成几个重要的成煤时期

转变顺序	植物 →泥炭 → 褐煤 → 烟煤 → 无烟煤		
转变条件	作用地点:水中 作用时间:数千年到数万年 主要因素:生化作用	←地下数百万年→ (受压失水)	←地下数千万年→ 温度(需要从外部供应能量)
转变阶段	←第一阶段→ ←泥炭化阶段→	←第二阶段→ ←煤化阶段→	

二、煤的性质及分类

(一) 煤炭为什么要进行分类

煤炭是重要的能源和化工原料,在人民生活及工农业生产中均占有极其重要的地位。要开发和合理利用煤炭资源,就必须对作为主要固体燃料的煤炭进行既有科学性又有实用性的分类，以适用工业的不同技术要求，同时也便于各工业部门的选用，使以煤为燃料或原料的各种设备达到最好的效率并保证产品质量。如炼焦需要黏结性较好的煤，制造民用煤气需要黏结性差、挥发分高的年轻煤，锅炉用煤则需要挥发分和发热量均较高的煤。我国是世界上煤炭资源丰富的国家之一，煤的储量和产量均居世界前列，因此，做好煤炭的分类工作，更具有重大意义。煤炭分类方法很多，有按成因分类、按实用工艺分类、按煤化程度和工艺性能的分类等。

（二）煤的物理性质

煤的物理性质包括颜色、光泽、粉色、真密度、视密度、硬度、脆度、断口及导电性等。由成煤的原始物质及其聚集条件、转换过程、煤化过程、风化和氧化程度等因素所决定。煤的物理性质可以作为初步评价煤质的依据。

（三）煤的化学组成

煤的化学组成可分为有机质和无机质，以有机质为主体。有机质主要由碳、氢、氧、氮和有机硫组成，其中碳、氢、氧占有机质的95％以上。一般来说，煤化程度越深，碳的含量越高，氢和氧的含量越低，氮的含量略有降低，而硫的含量与煤的成因类型有关。碳和氢是煤燃烧过程中产生热量的重要元素，氧是助燃元素。无机物主要是水分和矿物质，它们降低了煤的质量和利用价值。通过元素分析可以了解煤炭的化学组成及含量，通过工业分析可以了解煤的性质，判断煤的种类及用途，工业分析包括水分、灰分、挥发分的测定和固定碳的计算。

（四）煤炭分类

按照用于表征煤化程度的参数和表征煤工艺性能的参数进行分类。

表征煤化程度的参数有干燥无灰基挥发分（V_{daf}）、干燥无灰基氢（H_{daf}）、恒湿无灰基高位发热量（$Q_{gr,maf}$）、低煤阶煤透光率 P_M。

表征煤炼焦工艺性能的参数有黏结指数（G）；胶质层最大厚度（Y）；奥阿膨胀度（b）。

按煤化程度将煤分为无烟煤、烟煤、褐煤3个大类（见表1-2）。采用干燥无灰基挥发分（V_{daf}）将无烟煤区分开；采用透光率为主要指标，恒湿无灰基高位发热量为辅助指标将年轻烟煤与褐煤区分开。

表1-2　　　　　　　　　　煤炭按煤化程度分类

类别	符号	数　码	分类指标	
			V_{daf}（％）	P_M（％）
无烟煤	WY	01，02，03	≤10.0	—
烟煤	YM	11，12，13，14，15	>10.0	—
褐煤	HM	51，52	>37.0	≤50

凡 $V_{daf}>37.0\%$、$G \leqslant 5$，再用透光率 P_M 来区分烟煤和褐煤（在地质勘探中，$V_{daf}>37.0\%$，在不压饼的条件下测定的焦渣特征为1～2号的煤，再用 P_M 来区分烟煤和褐煤）。

凡 $V_{daf}>37.\%$、$P_m>50\%$ 者，为烟煤，$30\%<P_M\leqslant50\%$ 的煤，如恒湿无灰基高位发热量大于 24MJ/kg（5700cal/g），则划为长焰煤。

按煤化程度（干燥无灰基挥发分和氢）和工艺利用特性将无烟煤划分为 3 个亚类，即无烟煤一号、无烟煤二号、无烟煤三号，见表 1-3。

表 1-3　　　　　　　　　　　　　无烟煤分类

类别	符号	数码	分类指标	
			V_{daf}（%）	H_{daf}（%）
无烟煤一号	WY1	01	0~3.5	0~2.0
无烟煤二号	WY2	02	3.5~6.5	2.0~3.0
无烟煤三号	WY3	03	6.5~10.0	3.0

在已确定无烟煤小类的生产矿、厂的日常工作中，可以只按 V_{daf} 分类；在地质勘探工作中，为新区确定小类或生产矿、厂和其他单位需要重新核定小类时，应同时测定 V_{daf} 和 H_{daf}，按表 1-3 分类。如两种结果有矛盾，以按 H_{daf} 划小类的结果为准。

烟煤按煤化程度（按干燥无灰基挥发分分为 4 个等级）和黏结性（以黏结指数为主、胶质层最大厚度或奥阿膨胀度为辅分为 6 个等级）的不同，划分为 24 个单元，再按同类煤基本性质相近的原则归并为 12 个小类（见表 1-4）。即贫煤、贫瘦煤、瘦煤、焦煤、肥煤、1/3 焦煤、气肥煤、气煤、1/2 中黏煤、弱黏煤、不黏煤、长焰煤。

表 1-4　　　　　　　　　　　　　烟煤分析

类别	符号	编码	分类指标			
			V_{daf}（%）	G	Y（mm）	b（%）
贫煤	PM	11	$10.0<V_{daf}\leqslant20.0$	$\leqslant5$		
贫瘦煤	PS	12	$10.0<V_{daf}\leqslant20.0$	$5<G\leqslant20$		
瘦煤	SM	13	$10.0<V_{daf}\leqslant20.0$	$20<G\leqslant50$		
		14	$10.0<V_{daf}\leqslant20.0$	$50<G\leqslant65$		
焦煤	JM	15	$10.0<V_{daf}\leqslant20.0$	>65 *	$\leqslant25.0$	$\leqslant150$
		24	$20.0<V_{daf}\leqslant28.0$	$50<G\leqslant65$		
		25	$20.0<V_{daf}\leqslant28.0$	>65 *	$\leqslant25.0$	$\leqslant150$
肥煤	FM	16	$10.0<V_{daf}\leqslant20.0$	（>85）*	>25.0	>150
		26	$20.0<V_{daf}\leqslant28.0$	（>85）*	>25.0	>150
		36	$28.0<V_{daf}\leqslant37.0$	（>85）*	>25.0	>220
1/3 焦煤	1/3JM	35	$10.0<V_{daf}\leqslant20.0$	>65 *	$\leqslant25.0$	$\leqslant220$
气肥煤	QF	46	>37.0	85 *	>25.0	>220
气煤	QM	34	$28<V_{daf}\leqslant37.0$	$50<G\leqslant65$		
		43	>37.0	$35<G\leqslant50$	$\leqslant25.0$	$\leqslant220$
		44	>37.0	$50<G\leqslant65$		
		45	>37.0	>65 *		

类别	符号	编码	分 类 指 标			
			V_{daf}（%）	G	Y（mm）	b（%）
1/2中黏煤	1/2ZN	23	$20.0 < V_{daf} \leqslant 28.0$	$30 < G \leqslant 50$		
		33	$28.0 < V_{daf} \leqslant 37.0$	$30 < G \leqslant 50$		
弱黏煤	RN	22	$20.0 < V_{daf} \leqslant 28.0$	$5 < G \leqslant 30$		
		32	$28.0 < V_{daf} \leqslant 37.0$	$5 < G \leqslant 30$		
不黏煤	BN	21	$20.0 < V_{daf} \leqslant 28.0$	$\leqslant 5$		
		31	$28.0 < V_{daf} \leqslant 37.0$	$\leqslant 5$		
长焰煤	CY	41	> 37.0	$\leqslant 5$		
		42	> 37.0	$5 < G \leqslant 35$		

当烟煤的黏结指数测值 G 小于或等于 85 时，用 V_{daf} 和 G 来划分煤类，当 G 大于 85 时，则用 V_{daf} 和胶质层最大厚度 Y 或用 V_{daf} 和奥亚膨胀度 b 来划分煤类。

当 $G > 85$ 时，用 Y 和 b 并列作为分类指标。当 $V_{daf} \leqslant 28.0\%$ 时，b 为 150%；$V_{daf} > 28.0\%$ 时，b 为 220%。当 b 值和 Y 值有矛盾时，以 Y 值为准来划分煤类。

褐煤按低煤阶煤透光率和恒湿无灰基高位发热量分为 2 个亚类，见表 1-5。

表 1-5 褐煤的分类表

分类	符号	分 类 指 标	
		P_m（%）	$Q_{gr,mar}$（MJ/kg）
褐煤一号	HM1	0～30	—
褐煤二号	HM2	30～50	24

三、我国各类煤的特征与用途

（一）褐煤的特征

褐煤是煤化程度低的煤，褐煤光泽暗淡或具有沥青光泽，在外表上没有未分解的植物组织，不再呈无定形状态。从年轻褐煤到年老褐煤，外表颜色由褐色加深到黑褐色；从无光泽逐渐有光泽，从土状到岩石状。密度较小、孔隙度大、含水量高、挥发分高、热值低、含有腐殖酸、极易被破碎。存放在空气中很易风化变质，更易碎成小块或粉末，使热值更低。

褐煤内在水分一般为 10%～25%，全水分大都在 15%～40%，年轻褐煤高达 50%～60%。灰分（A_d）为 15%～30%，有些在 10% 以下，北方年老褐煤挥发分（V_{daf}）在 50% 以下，云南褐煤为 50%～60%，一般不超过 65%，北方褐煤硫（$S_{t,d}$）低至 0.5%～1%。云南褐煤高达 4%～5%；低位发热量一般在 12.5～18.5MJ/kg 之间。煤灰熔融性温度与产地有关。有些较高软化温度达 1400℃，有些低至 1250℃ 以下。褐煤可磨性普遍差，系数在 35～70 之间。

我国褐煤资源丰富，储量约为 893 亿 t，分布在东北、西北、西南和华北等地，主要集中在内蒙古（霍林河、伊敏河和胜利等）、云南（昭通、先锋和寻甸等）和吉林（舒兰和珲春等）。

（二）烟煤的特征

烟煤的煤化程度高于褐煤而低于无烟煤，是自然界中分布最广的煤种，烟煤中已没有任何植物痕迹，不含腐殖酸。从煤块表面划一条痕，年轻烟煤呈棕色、气煤呈棕黑色、肥煤和焦煤为黑色略带棕色、瘦煤贫煤为黑色。烟煤具有不同程度的光泽，从沥青光泽、玻璃光泽到金刚光泽，大多呈条带状，可明显区分煤岩成分。挥发分范围宽，燃烧时烟多，火焰有长有短。单独炼焦时从不结焦到强结焦都有。

主要煤质指标如硫分、灰分、发热量、灰熔点、可磨性均与产地有关。

我国烟煤储量和产地最多，占总保有储量的75%。

（三）无烟煤的特征

无烟煤是煤化程度最高的一种煤，具有挥发分低、发热量高、硬度高、密度大、燃点高、无黏结形等特点。无烟煤外观呈灰黑色（从煤块表面划一条痕，无烟煤呈钢灰色），有金属光泽，无明显条带，燃烧时无烟，火焰较短，主要煤质指标如硫分、灰分、发热量、灰熔点、可磨性与产地有关。我国无烟煤探明储量占总保有储量的12%，主要集中在山西省和贵州省。

各种煤的主要外部特征见表1-6。

表1-6 各种煤的主要外部特征

类别	泥炭	褐煤	烟煤	无烟煤
颜色	棕褐色	褐色至黑褐色	黑色	灰黑色
光泽	无	大多无光泽	有一定光泽	有金属光泽
外观	有原始植物残体，黏土状	无原始植物残体，无明显条带	有亮暗相间的条带	无明显条带
燃烧现象	易着火，有烟	易着火，有烟	多烟	难着火，无烟
水分	多	较多	较少	少
硬度	低	较低	较高	高

（四）煤炭产品

煤炭品种不同于煤种，两者不可混为一谈。煤炭品种是煤炭经过拣矸或筛选加工后获得的具有不同用途与质量的煤炭产品分类。

1. 名词术语

（1）选煤：将煤炭经机械杂质处理减少非煤物质并按需要分成不同品种的煤炭产品的加工方法。

（2）煤炭筛分：通过筛面使不同粒度煤炭分成不同粒级的作业。

（3）煤炭分选：利用密度或表面性质的不同来减低原料煤杂质成分的加工过程。

（4）毛煤：煤矿生产出来的，未经任何加工处理的煤。

（5）矸石：采、掘煤炭过程中从顶、底板或煤层夹矸混入煤中的岩石。

（6）夹矸：夹在煤层中的矿物质层。

（7）原煤：从毛煤中选出规定粒度的矸石（包括黄铁矿等杂物）后的煤。

（8）精煤：煤经精选（干选或湿选）加工生产出来的、符合品质要求的产品。

（9）中煤：煤经精选后得到的、品质介于精煤和矸石之间的产品。

（10）洗矸：由煤炭洗选过程中排出的高灰分产品。

（11）煤泥：洗煤厂粒度在 0.5mm 以下的一种洗煤产品。

2. 煤种划分

煤炭产品按其用途、加工方法和技术要求分为五大类（精煤、粒级煤、洗选煤、原煤、低质煤）28 个品种。下面简单介绍一下这五大类煤炭产品。

（1）精煤：原煤送入洗煤厂，经过洗煤，除去煤炭中矸石，变成精煤，热量高，灰分小。

（2）粒级煤：经过洗煤，除去煤炭中矸石，洗选出一定粒度。一般分为特大块、大块、中块、混选块、小块煤等，粒度从 100～6mm 不等。

（3）洗选煤：一般分为洗原煤、洗混煤、洗末煤、洗粉煤等，粒度从 100～6mm 不等。

（4）原煤：原煤是指从地上或地下采掘出的毛煤经筛选加工去掉矸石、黄铁矿等后的煤。

（5）低质煤：一般指煤泥或一些煤矸石含量较大、灰分含量较大的煤。

各类煤品种分类见表 1-7。

表 1-7　　　　　　　　　　　　各种煤品种分类

产品类别	品种名称	技 术 要 求			
		粒度（mm）	发热量 $Q_{ar,net}$（MJ/kg）	灰分 A_d（%）	最大粒度
精煤	冶炼用炼焦精煤	<50，<100		≤12.50	
	其他用炼焦精煤	<50，<100		12.51～16.00	
粒级煤	洗特大块	>100	无烟煤、烟煤 ≥14.50 褐煤≥11.00		≤5
	特大块	>100			
	洗大块	50～100，>50			
	大块	50～100，>50			
	洗中块	25～50，20～60			
	中块	25～50			
	洗混中块	13～50，13～80			
	混中块	13～50，13～80			
	洗混块	>13，>25			
	混块	>13，>25			
	洗小块	13～20，13～25			
	小块	13～25			
	洗混小块	6～20			

产品类别	品种名称	技术要求			
		粒度（mm）	发热量 $Q_{ar,net}$（MJ/kg）	灰分 A_d（％）	最大粒度
粒级煤	混小块	6～20	无烟煤、烟煤 ≥14.50 褐煤≥11.00		≤5
	粒级煤	6～13			
	粒煤	6～13			
洗选煤	洗原煤	≤300			
	洗混煤	＜50，＜80 或＜100			
	混煤	0～50			
	洗末煤	0～13，0～20，0～25			
	末煤	0～13，0～20，0～25			
	洗粉煤	0～6			
	粉煤	0～6			
原煤	原煤，水采原煤	＜300		＜40	
低质煤	原煤		无烟煤、烟煤＜14.50 褐煤＜11.00	＞40	
	煤泥	0～1.0		16.50～49	
	水采煤泥	0～0.5			

四、商品煤质量要求

由国家发展改革委、环保部、商务部、海关总署、国家工商管理总局、国家质检总局六部委制定的《商品煤质量管理暂行办法》于2014年9月3日印发，自2015年1月1日起施行。

第六条 商品煤应当满足下列基本要求。

1. 灰分（Ad）：褐煤≤30％，其他煤种≤40％。

2. 硫分（St，d）：褐煤≤1.5％，其他煤种≤3％。

3. 其他指标：汞（H_{gd}）≤0.6μg/g，砷（A_{sd}）≤80μg/g，磷（P_d）≤0.15％，氯（Cl_d）≤0.3％，氟（F_d）≤200μg/g。

第七条 在中国境内远距离运输（运距超过600公里）的商品煤除在满足第六条要求外，还应当同时满足下列要求。

1. 褐煤：发热量（$Q_{net,ar}$）≥16.5MJ/kg，灰分（A_d）≤20％，硫分（$S_{t,d}$）≤1％。

2. 其他煤种：发热量（$Q_{net,ar}$）≥18MJ/kg，灰分（A_d）≤30％，硫分（$S_{t,d}$）≤2％。

五、低热值煤

《国家能源局关于促进低热值煤发电产业健康发展的通知》（国能电力〔2011〕396

号）于 2011 年 11 月 25 日发布。具体要求如下。

1. 用于低热值、煤发电资源主要包括煤泥、洗中煤，以及收到基热值不低于 5020kJ/kg（1200kcal/kg）的煤矸石、收到基热值不足 5020kJ/kg（1200kcal/kg）的煤矸石（碳质页岩）等资源，可通过生产建材、筑路、沉陷区回填、井下充填等方式综合利用。

2. 低热值煤发电项目应以煤矸石、煤泥、洗中煤等低热值煤为主要燃料。以煤矸石为主要燃料的，入炉燃料收到基热值不高于 14640kJ/kg（3500kcal/kg）。

第二节 煤 炭 机 械 化 采 样

一、采样

采样目标是尽可能采取接近全部煤的平均品质的煤样。由于煤炭是粒度和化学组成都极不均一的混合物，而且一批量商品煤的数量又比较大，在进行燃料分析时，不可能将一大批煤全部分析。因此，燃料分析通常是从一批燃料（多至成千上万吨）中采取小量（几百千克）有代表性的燃料，然后再经过制样工序制成数量较少、符合分析测试的样品。

（一）采样的基本过程及要求

1. 采样和制样的基本过程

首先从分布于整批煤的许多点收集相当数量的一份煤，即初级子样，然后将各初级子样直接合并或缩分后合并成一个总样，最后将此总样经过一系列制样程序制成所要求数目和类型的试验煤样。

2. 采样的基本要求

被采样批煤的所有颗粒都可能进入采样设备，每一个颗粒都有相等的概率被采入试样中。

（二）采样的术语和定义

（1）采样：从大量煤中采取具有代表性的一部分煤的过程。

（2）子样：采样器具操作一次或截取一次煤流全横断面所采取的一份。

（3）初级子样：在采样第 1 阶段、于任何破碎和缩分之前采取的子样。

（4）缩分后试样：为减少试样质量而将之缩分后保留的一部分。

（5）总样：从一个采样单元取出的全部子样合并成的煤样。

（6）采样单元：从一批煤中采取一个总样的煤量。一批煤可以是 1 个或多个采样单元。

（7）连续采样：从每一个采样单元采取一个总样，采样时，子样点以均匀的间隔分布。

（8）间断采样：仅从某几个采样单元采取煤。

（9）系统采样：按相同的时间、空间或质量间隔采取子样，但第一个子样在第一个间隔内随机采取，其余的子样按选定的间隔采取。

（10）随机采样：在采取子样时，对采样的部位和时间均不施加任何人为的意志，能使任何部位的煤都有机会采出。

（11）质量基采样：从煤流中按一定的质量间隔采取子样，子样的质量固定。

（12）时间基采样：从煤流中按一定的时间间隔采取子样，子样的质量与采样时的煤流量成正比。

（13）分层随机采样：在质量基采样和时间基采样划分的质量或时间间隔内随机采取一个子样。

（14）标称最大粒度：与筛上累计质量分数最接近（但不大于）5％的筛子相应的筛孔尺寸。

（15）精密度：在规定条件下所得的独立试验结果间的符合程度。

（16）偏倚：系统误差。它导致一系列结果的平均值总是高于或低于 GB/T 19494.3—2004《煤炭机械化采样　第 3 部分：精密度测定和偏倚试验》中参比采样方法得到的值。

二、机械采样方案

（一）机械采样方案建立的基本程序和基本思路

1. 基本程序

（1）确定煤源、批量和标称最大粒度。

（2）确定欲测定的参数和需要的试样类型。

（3）决定用连续采样或是间断采样。

（4）确定或假定要求的精密度。

（5）决定将子样合并成总样的方法和制样方法。

（6）确定煤的变异性：即初级子样方差，采取单元方差和制样、化验方差。

（7）确定采样单元数和采样单元的子样数。

（8）确定总样的最小质量和子样的平均最小质量。

（9）决定采样方式和采样基：系统采样、随机采样或分层随机采样；时间基采样或质量基采样，并确定采样间隔。

2. 基本思路

（1）了解确认被采煤的基本信息。煤源、批量、变异性（均匀性）、标称最大粒度，煤质过去、现在、将来的情况、采样地点（在煤流、火车或汽车上）。

（2）采样要解决的问题。实现采样目的（技术评定、过程控制、质量控制或商业目的）及获得品质参数（灰分、发热量等）、采样结果（一般煤样、共用煤样、全水分或粒度分析或其他专用煤样）。

（3）采样要采取的措施。确定采样精密度，计算校验采样单元、子样数目、总样质量及子样质量，确定采样方式、子样分布、采样机械。

一般采用连续采样方式，不采用间断采样。

（二）机械采样方案主要内容

1. 确定采样精密度

根据采样目的、煤样类型和合同相关方要求确定采样精密度。如没有协议，一个采样单元采样精密度如表1-8所示。

表 1-8　　　　　　　　　　　　　　采样精密度

煤炭品种	精密度 A_d（%）
精煤	±0.8
其他煤	±0.1×A_d（但≤1.6）

2. 确定采样单元

一批煤可以整个作为一个采样单元，也可分为数个采样单元，每个采样单元采一个总样。但为了下述目的，宜将一批煤分成数个采样单元。

（1）提高采样的精密度，使之达到要求的值。

（2）保持试样的完整性，即避免试样采取后产生偏倚，特别是减小试样由于放置而产生的水分损失。

（3）当采样周期很长时，便于管理。

（4）使试样量不致太大，便于处理。

在实际中一般分供应商、分品种、按煤量，根据实际运输量或装载量确定。一般一个采样单元煤量控制在 200～10 000t。

在需要划分采样单元时，可按下式计算起始采样单元数 m，即

$$m=\sqrt{\frac{M}{M_0}}$$

式中　M——被采样煤批量，t；

　　　M_0——起始采样单元煤量，t；对大批量煤（如轮船载煤），M_0 取 5000；对小批量煤（如火车、汽车和驳船载煤）M_0 取 1000。

（5）确定最少子样数。在未知煤的变异性时，按 GB/T 19494.1—2004《煤碳机械化采样　第1部分：采样方法》第5.2、5.3执行，可根据经验确定每个采样单元开头的最少子样数，如表1-9所示。

表 1-9　　　　　　　　　　不同采样地点的子样数

煤种	不同采样地点的子样数 n		
	煤流	火车、汽车和驳船	煤堆和轮船
精煤	16	22	22
其他煤	28	40	40

确定最少子样数：如小于1000t，按煤量比例递减，但不得小于10；大于1000t，按以下公式增加，即

$$N=n\sqrt{\frac{M}{1000}}$$

但最后要根据精密度试验确认。

最恰当适宜的子样数按下式计算，即

$$n = \frac{4V_1}{mP_L^2 - 4V_{PT}}$$

式中　n——子样数；

　　　V_1——初级子样方差；

　　　m——采样单元；

　　　P_L——采样精密度；

　　　V_{PT}——制样化验方差。

（6）确定总样质量。一般分析煤样（共用煤样）、全水分测定煤样或缩分后煤样的最小质量如表 1-10 所示。

表 1-10　煤样的最小质量

标称最大粒度（mm）	一般分析和共用试样（kg）	全水分试样（kg）	标称最大粒度（mm）	一般分析和共用试样（kg）	全水分试样（kg）
300	15 000	3000	25	40	8
200	5400	1100	16	20	4
150	2600	500	13	15	3
125	1700	350	11.2	13	2.5
90	750	125	10	10	2
75	470	95	8	6	1.5
63	300	60	6	3.75	1.25
50	170	35	4	1.5	1
45	125	25	3	0.7	0.65
38	85	17	2.0	0.25	—
31.5	55	10	1.0	0.10	—

注　表中一般分析和共用试样的质量可将由于粒度特性导致的灰分方差减小到 0.01，相当于 0.2% 灰分精密度。

（7）确定子样质量。不同采样器采样时初级子样量按公式核定。

1）落流采样器为

$$m = \frac{cb \times 10^{-3}}{3.6v}$$

式中　c——煤的流量，t/h；

　　　b——采样器开口尺寸，mm；

　　　v——采样器速度，m/s。

2）横过胶带采样器为

$$m = \frac{cb \times 10^{-3}}{3.6\,v_b}$$

式中　c——煤的流量，t/h；

　　　b——采样器开口尺寸，mm；

　　　v_b——胶带速度，m/s。

11

3) 螺杆（筒形）采样器为

$$m = \frac{1}{4}\pi d^2 l \rho$$

式中　d——采样器开口直径 m；

　　　l——采样器长度，m；

　　　ρ——煤堆积密度，正常情况在 $800 \sim 1100\text{kg/m}^3$ 之间，一般取值 900kg/m^3。

缩分后子样平均质量计算式为

$$m = \frac{m_\text{g}}{n}$$

式中　m_g——最小总样质量，kg；

　　　n——采样单元子样数。

绝对最小子样质量计算同时满足下式，且最小值为 0.1kg。

$$m_\text{a} = d^2$$

式中　m_a——绝对最小子样质量；

　　　d——采样器开口直径，mm。

4) 初级子样采样方法

根据"均匀分布，每一部分都有同等机会采出"原则配置。

煤流采样可采用时间基采样、质量基采样、分层随机采样；静止煤采样应以质量基采样，可采用全深度采样、深部分层采样、表面采样。

a. 煤流采样。

初级子样按预先设定的时间、质量间隔采取，第 1 个子样在第 1 个时间、质量间隔内随机采取，其余子样按相等的时间、质量间隔采取。如果预选计算的子样数已采够，但该采样单元煤尚未流完，则应以相同的间隔继续采样，直至煤流结束。

采样时，应保证截取一完整煤流横截段作为一子样，子样不能充满采样器或从采样器中溢出。在整个采样过程中，采样器横过煤流的速度应保持恒定。

试样应尽可能从流速和负荷都较均匀的煤流中采取。应尽量避免煤流的负荷和品质变化周期与采样器的运行周期重合，以免导致采样偏倚。如果避免不了，则应采用分层随机采样方式。

采样时间间隔为

$$\Delta T = \frac{60m}{Gn}$$

式中　m——采样单元煤量，t；

　　　G——煤的最大流量，t/h；

　　　n——采样单元子样数。

每个初级子样质量与煤流量成正比。

采样质量间隔为

$$\Delta m = \frac{m}{n}$$

式中　m——采样单元煤量，t；

　　　n——采样单元子样数。

质量基采样的初级子样质量不随煤的流量而改变，在整个采样过程中初级子样或缩分后初级子样质量应基本相等，质量变异系数应小于 20%。

为保证实际采取的子样数不少于规定的最少子样数，实际子样间隔应等于或小于计算的子样间隔。

b. 静止煤采样

静止煤采样应首选在装、堆煤或卸煤过程中进行，如不具备在装煤或卸煤过程中采样的条件，也可对静止煤直接采样。

直接从静止煤中采样时，采样器应插入煤内由顶到底采取一全深度煤柱子样，或插入煤内一定深度取出的一分层子样；在能够保证运载工具中的煤的品质均匀且无不同品质的煤分层装载时，也可从运载工具顶部采样。

火车、汽车车厢中子样抽取：静止煤采样应首选在装煤、堆煤或卸煤过程中进行，如不具备在装煤或卸煤过程中采样的条件，也可对静止煤直接进行采样。

直接从静止煤中采样时，采样器应插入煤内由顶到底采取一全深度煤柱子样，或插入煤内一定深度取出的一分层子样；在能够保证运载工具中的煤的品质均匀且无不同品质的煤分层装载时，也可从运载工具顶部采样。

火车、汽车车厢中运输工具顶部全深度采样和深部分层采样示意如图 1-1 所示，图 1-1 中左为由顶到底采取一全深度煤柱子样，图 1-1 中右为插入煤内一定深度取出一分层子样。

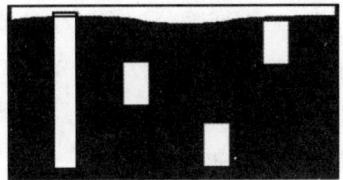

图 1-1　分层采样示意

子样分配在车厢中：当要求的子样数等于和少于一采样单元的车厢数时，每一车厢应采取一个子样；当要求的子样数多于一采样单元的车厢数时，每一车厢应采的子样数等于总子样数除以车厢数，如除去后有余数，则余数子样应分布于整个采样单元。分布余数子样的车厢可用系统方法选择（如每隔若干车增采一个子样）或用随机方法选择。

子样在车厢内定位：将采样车厢划分成若干小块，一般可以为 18 个小块，采样时从每个小块中间采取子样，如表 1-11 所示。

表 1-11　　　　　　　　　　　　　　　　子样在车厢内定位

1	4	7	10	13	16
2	5	8	11	14	17
3	6	9	12	15	18

例：某电厂收到火车运来的一列原煤，共 50 车，每车 65t，根据过去的经验，煤的最大标称粒度为 80mm，灰分（A_d）为 25%～35%，拟将该列煤作为一个采样单元，共采109 个子样。问如何在火车车厢内配置子样？

解：（1）子样在车厢中分配。按随机采样法，采用抽签法，得到例如序号为 7、15、

19、25、30、38、42、44、48 九节车分配 3 个子样，其余分配两个子样。

如按系统采样法，每隔 5 节车内的某一车采 3 个子样，按随机法确定在第一个间隔内采 3 个子样车，如 2 号车；其余采 3 个子样车的序号为 7、12、17、22、27、32、37、42、47，共 10 车，共分配 110 子样。

（2）子样在车厢内定位。在车厢内表面划分 18 个等分格，按抽签法确定每个车厢内子样位置。

第三节 煤炭机械化制样

一、机械制样术语定义

（1）制样：使煤样达到分析或试验状态的过程。

注：试样制备包括混合、破碎、缩分，有时还包括空气干燥。它可分成几个阶段进行。

（2）在线制样：采用与采样系统结成一体的设备制备试样。

（3）离线制样：采用不与机械化采样系统结成一体的设备，以人工或机械化方法对机械采样系统采取的煤样进行制备。

（4）切割样：初级采样器或试样缩分器切取的子样。

（5）试样缩分：将试样分成有代表性、分离的部分的制样过程。

（6）定质量缩分：保留的试样质量一定，并与被缩分试样质量无关的缩分方法。

（7）定比缩分：以一定的缩分比，即保留的试样量和被缩分的试样量成一定比例的缩分方法。

（8）试样破碎：用破碎或研磨的方法减小试样粒度的制样过程。

（9）空气干燥：使试样的水分与其破碎和缩分区域的大气达到接近平衡的过程。

二、在线机械制样特点

（一）缩分特点

人工缩分采取的是"等分""等分采样"方式，即将煤样分成若干相等的几部分后再采样。各部分之间及各部分内部差异性越小，缩分偏差越小。混合可以改善这种差异性。因此人工缩分之前必须充分混合。

在线制样采用机械缩分，采取的是用切割器从煤流中切割子样的方式，切割子样的大小和数目以及缩分后留样量是影响缩分偏差的关键因素，也是影响制样精密度的主要的因素。因此，机械缩分之前不强调混合。机械缩分过程与采样过程完全类似。

（二）破碎特点

在线制样破碎机要求更高，为了防止堵塞，破碎出力、破碎比更大，对湿煤适应性更好，运行可靠性更高。因此，一般选用密封好的特殊锤头的高速锤式破碎机。

（三）制样流程特点

在线制样流程中没有干燥工序，有些甚至没有筛分，只有破碎和缩分。缩分之前，可以破碎，也可以不破碎。为了防堵和提高缩分精密度，在破碎机之前一般要配套给煤机。在线制样流程中还应考虑缩分中弃煤样处理。

三、在线制样方案

在线制样一般是对单个初级子样进行缩分（破碎），在线制样又称二（三）级采样。正确缩分的关键有如下几个要素。

（1）对定质量缩分，初级子样的最少切割次数为 4，且同一采样单元的各初级子样的切割数应相等。

（2）对定比缩分，一平均质量初级子样的最少切割次数为 4。

（3）缩分后的初级子样即切割样进一步缩分时，每一切割样至少应再切割 1 次。

（4）缩分后初级子样如须破碎后再进一步缩分时，每个子样至少应再切割 10 次。

第四节 精密度测定和偏倚试验

煤炭机械化采制样装置性能试验的目的是评判系统中的采样部分所采集样品是否具有代表性、制样部分所制备的样品是否具有代表性、采制样装置总精密度是否达到国家标准要求、该装置的整系统是否有实质性偏倚、该装置全水分是否有损失。

采样机用于精密度测定（采样精密度）、偏倚试验（灰分偏倚、水分偏倚）。

制样机用于精密度测定（制样精密度）、偏倚试验（灰分偏倚、水分偏倚）粒度试验、留样质量试验。

一、双倍子样数双份采样方法

（1）从每一采样单元采取正常子样数 2 倍（$2n_0$）的子样，合并成双份试样，每份由 n_0 个子样构成。重复此操作，直到从一批煤或从同一种煤的若干批中采取至少 10 对双份试样。

（2）对各对试样进行某一品质参数，如干基灰分测定。

（3）计算双份试样标准差 s 和精密度 P，即

$$S = \sqrt{\frac{\sum d^2}{2n_p}}$$

式中 d——双份试样间差值；

　　n_p——双份试样对数。

95% 置信概率下单个采样单元精密度为

$$P = 2S$$

m 个采样单元平均值的精密度为

$$P = \frac{2S}{\sqrt{m}}$$

这两个 P 值用标准差的点估算值求得，代表精密度的最佳估算值。

15

二、例行子样数双份采样方法

当采样条件不允许从一采样单元采取 2 倍子样数或需要在例常采样下测定精密度时，如果各个子样能分开，则可用例行子样数双份采样方法。采样方法如下：

从每一采样单元采取与例行子样数相等的子样，合并成双份试样，每份试样由 $n/2$ 个子样构成。重复此操作，直到从一批煤或同一种煤的若干批中至少采取了 10 对双份试样。

该方法的精密度估算和核验程序与一、双倍子样数双份采样方法相同，仅双份试样对的合成和精密度的计算有差异。

三、汽车灰分偏倚采样

对汽车煤炭机械化采样装置采取偏倚试验样品，在机械化采样装置取样点旁边（尽量靠近但不交叉）而且煤炭的状态未被扰乱的部位人工钻孔收集试样，此样品即参比样品，与此同时收集机采样，这两个样品算作一对试样，共采集 20 对试样，如现场不具备人工钻孔收集参比样品条件，各方协商进行人工样品采取。

计算干基灰分差值，灰分差值的平均值、标准偏差再通过最大允放偏倚 B 与标准偏差 S_d 计算试样因数 g，根据 GB/T 19494.3—2004《煤炭机械化采样 第 3 部分：精密度测定和偏倚试验》查得所需试验对数，则

$$g = \frac{B}{S_d}$$

四、灰分偏倚

对胶带煤炭机械化采样装置采取参比样采样方法：在皮带上机械化采样装置取样点尽可能近且煤炭未被扰乱的地方垂直插入采样框，人工收集采样框中所有煤样，此样品即为参比样。

五、全水分偏倚

对全水分损失检验煤炭机械化制样装置采取试验样品，在煤场采取 10 份试样。每个试样掺合后按九点法取全水，作为试验前的全水分煤样，剩余试样迅速倒入该煤炭机械化制样装置。进过破碎、缩分后，收集留样。作为试验后的全水分煤样，共收集 10 对试样，制样并化验统计。

六、全水分损分的判定

DL/T 747—2010《发电用煤机械采制样装置性能验收导则》对煤炭机械化采制样系统的制样部分进行全水分损失测定，规定水分损失百分率不应大于 0.7%。将参比样 10 组全水分煤样全水分测定值加权平均与系统样 10 组全水分煤样全水分测定值加权平均后进行差值对比，计算出差值。如果水分损失百分率大于 0.7%，评定为不符合要求；如果水分损失百分率小于 0.7%，评定为符合要求。

偏倚试验可以用灰分、水分或其他参数进行，但一般用灰分和水分就足够。

干基灰分偏倚通常由粒度分布误差造成。造成水分偏倚的因素很多，不仅粒度分布，其他诸如破碎时水分损失、采样系统内空气流动过大、采样系统各部件结合不严密、试样在系统内停留时间过长等都会造成水分误差。因此，用水分作为试验参数时，应特别注意防止试样水分的变化。

第五节 制 样 基 础 知 识

一、试样制备的目的

通过破碎、混合、缩分和干燥等步骤将采集的煤样制备成能代表原来煤样特性的分析（试验）用煤样。制样室收到煤样后，主要制取煤样为全水分煤样、3mm 存查煤样和 0.2mm 一般分析试验煤样。要达到上述目的，必须采取科学的方法，也就是标准规定的程序和要求进行制样，如果操作人员随意操作，只是将煤样制成粉煤，这将无法达到制样的目的。

试样制备流程包括混合、破碎、缩分，有时还包括空气干燥和筛分。制样过程中最为核心的操作为破碎和缩分，破碎可减小粒度，缩分才可减小质量，而筛分是破碎，掺和是缩分的辅助部分。

破碎是将煤样的粒度减小的操作过程，目的在于增加不均匀物质的分散程度，以减少缩分误差。

筛分是分离出不符合要求的颗粒的操作过程，目的是将大粒度煤样分离出来，进一步破碎到规定粒度，以保证在各制样阶段，各不均匀物质达到一定的均匀程度。

混合是将煤样各部分互相掺合的操作过程，目的在于用人为的方法使煤样尽可能均匀。

缩分是使煤样质量减少的操作过程，目的在于从大量煤样中取出一部分煤样。

干燥是除去煤样中大量水分的操作过程。干燥不是必不可少的步骤，根据需要而定。

二、制样术语和定义

（1）煤样：为确定某些特性而从煤中采取的有代表性的一部分煤。

（2）全水分煤样：为测定全水分而专门采取的煤样。

（3）共用煤样：为进行多个试验而采取的煤样。

（4）专用试样煤样：为满足某一特殊试验要求而制备的煤样。

（5）粒度分析煤样：为进行粒度分析而专门采取的煤样。

（6）一般分析试验煤样：破碎到粒度小于 0.2mm 并达到空气干燥状态，用于大多数物理和化学特性测定的煤样。

（7）制样：使煤样达到分析或试验状态的过程。

（8）在线制样：试样用与采样系统结成一体的设备制备。

（9）离线制样：用不与采样系统结成一体的设备制备煤样。以人工或机械方法制备机械采样系统采取的煤样。

（10）试样破碎：用破碎或研磨的方法减小试样粒度的制样过程。

（11）试样混合：将试样混合均匀的过程。

（12）试样缩分：将煤样分成有代表性、分离的几个部分的制样过程。

（13）定质量缩分：保留的试样质量一定、并与被缩分试样质量无关的缩分方法。

（14）定比缩分：以一定的缩分比，即保留的试样量和被缩分的试样量成一定比例的缩分方法。缩分比指保留的煤样质量与被缩分的煤样量的比。

（15）切割样：初级采样器或试样缩分器切取的子样。

（16）切割器：切取子样的设备。

（17）空气干燥：使试样的水分与其破碎或缩分区域的大气达到接近平衡的过程。

（18）空气干燥状态：煤样在空气中连续干燥 1h 后，煤样的质量变化不超过 0.1% 时，煤样达到空气干燥状态。

三、制样的特点

（1）煤样制备历经很多环节，我国制样标准是按粒度不同实行分级制样的方法，而各级粒级间又是相互联系，密不可分的，任何一个环节出现问题将影响制样质量。

（2）按标准规定，制样程序复杂，而且严格，人工制样与人工采样不同，人工制样需用到制样的各种机械和工具。所谓人工制样，也就是说，这些机械和工具多为人工操作与控制。

（3）必须配备制样所需的筛分、破碎、掺和缩分设备及工具，而且要配套，以确保制样工作的顺利进行。为此，要建立专门的制样室，并配备各种补辅设备，如钢板、磅秤等，以满足制样的需要。

（4）人工制样尽管使用不少制样机械和工具，但仍然工作量大，效率低，故制样的最终目标在于实施机械化、自动化。而当前无论是人工还是机械制样，存在的问题普遍较多。

实践证明，制样的误差占采制化总方差的 16%。因此，如果制样过程不规范化，同样可使最终制备的分析煤样或试验煤样不具有原批煤的平均煤质特性。

四、制样工作概述

（一）制样要求

（1）制样应在专门的制样室中进行，制样应有专属工作区、经检验合格的制样设备。

（2）对制样设备专人管理、专人使用、专人清扫，保证设备工况正常。

（3）制样前后对场地、设备、设施、工具进行清扫检查，防止污染煤样。

（4）对不易清扫干净的密封式（或联合）制样设备，可以采取清扫后反复开、停机器的办法；若条件许可，可以采用"冲洗"的办法，即可用被采样的煤通过机器冲洗，弃掉冲洗用煤的办法。

（5）制样人员经过安全培训和技术培训并取得职业资格证书。

（6）制样人员在制备煤样的过程中，应穿专用工作鞋、工作服和必要的防护用具。一是防外来污染，二是工作防护。

（二）技术要求

（1）要严格遵循煤样缩分后，留样质量与粒度的对应关系。粒度小于 3mm 的煤样，缩分至 3.75kg 后，必须全部通过 3mm 圆孔筛，则可用二分器重新缩分出不少于 100g 的分析煤样和 700g 的存查煤样。

（2）3mm 缩分过程中，使用 3mm 二分器混合 3 次煤样，每一缩分阶段必须交替留样。

（3）制备全水分煤样一定要快速，除使用联合破碎机可采用 6mm 的全水分煤样外，全水分煤样必须是在煤样全部通过 13mm 的方孔筛后，快速掺合一遍，用九点法取不少于 3kg 的全水分煤样。

（4）煤样的制备应尽可能使用二分器和缩分机械，以减少缩分误差。缩分机必须经过权威部门检验合格后方可使用。

（5）在粉碎成 0.2mm 煤样之前，应用磁铁将煤样中铁屑吸去，再粉碎到全部通过孔径为 0.2mm 的筛子，在煤样达到空气干燥状态后，装入煤样瓶中。

（三）制样室要求

（1）制样室（制样、存样、干燥、浮选等房间）应宽大敞亮，不受风雨及外来灰尘的影响，要有除尘设备。

（2）制样室应为水泥地面。

（3）堆掺缩分区在水泥地面上铺厚度 6mm 以上的钢板。

（4）存样间不应有热源，不受强光照射，无任何化学药品。

（四）制样精密度

制样精密度是用同一设备和同一制样程序对同一煤样进行大量次数制备所得试样的品质参数之间接近程度的量度。根据 GB/T 19494.3《煤炭机械化采样　第 3 部分：精密度测定和偏倚实验》连续采样时，批煤某一测定结果的精密度估计值（绝对）P_L 在 95％的置信水平下，则

$$P_L = 2\sqrt{\frac{\frac{V_1}{n} + V_{PT}}{m}}$$

式中　P_L——采样、制样和化验的总精密度；

　　　V_1——初级子样方差；

　　　V_{PT}——制样和化验方差；

　　　n——每一个采样单元的子样数；

　　　m——采样单元数。

制样和化验误差（可以用 V_{PT} 表示）主要来自缩分和从分析煤样中取出少量煤样的过程。影响制样精密度的两个最主要因素是缩分前煤样的均匀性（粒度分布）、缩分后的留

19

样量。

（五）制样流程（程序）

试样制备包括缩分、破碎、混合，有时还包括空气干燥和筛分等程序。

1. 缩分

缩分是制样最关键的程序，目的在于减少试样量，使之达到分析实验所需的程度。缩分可以用机械方法，也可用人工方法。为减少人为误差一般应尽量使用机械缩分。

采用机械缩分易破坏试样的完整性（比如导致水分损失、粒度离析等），或无法使用机械缩分时，应该用人工方法缩分。

人工缩分方法主要有二分器法、棋盘法、条带截取法、堆锥四分法和九点取样法（仅适用于采取全水分）。

因为人工缩分方法本身可能会形成偏倚，特别是当被缩分煤量较大时。所以在不得不采用人工方法缩分时，应尽可能注意保持试样的完整性和减少人为误差。

缩分可以在制样的任意阶段进行。总缩分精密度取决于各缩分阶段的缩分方差的总和。故提高总缩分精密度的有效方法是尽量减少缩分操作，以使总缩分方差有效减少。缩分后保留试样的最小质量应满足表 1-12 的要求。当一次缩分后的质量大于要求量时，可将缩分后试样用原缩分器或下一个缩分器做进一步缩分。

表 1-12　　　　　　　　　　缩分后留样最小质量

标称最大粒度（mm）	一般和共用煤样（kg）	全水分煤样（kg）	粒度分析煤样（kg）	
			精密度1%	精密度2%
150	2600	500	6750	1700
100	1025	190	2215	570
80	565	105	1070	275
50	170	325	280	70
25	40	8	36	9
13	15	3	5	1.25
6	3.75	1.25	0.65	0.25
3	0.7	0.65	0.25	0.25
1.0	0.10	—	—	—

（1）机械缩分器。机械缩分器是用切割大量的小质量试样的方式从试样中取出一部分或若干部分。机械缩分既可对未经破碎的单个子样、多个子样和总样进行缩分，也可对破碎到一定粒度的试样进行缩分。常用机械缩分器的类型有旋转盘型、旋转锥型、旋转容器型、旋转斜管型。

缩分可采用定质量缩分或定比缩分方式。

1）机械缩分的技术要求如下。

a. 缩分时，每个切割样的质量应均匀，即缩分是在连续的稳定状态进行，切割器开口固定，供料方式应使煤流的粒度离析减到最小。

b. 缩分时，为最大限度地减小偏倚，第一次切割在第一切割间隔内随机进行；对于第二和第三缩分器，后一切割器的切割周期应避免与前一切割器的切割周期重合。

c. 对于定质量缩分，为使缩分获得的样量一定，切割间隔应随被缩分煤的质量成比例变化。

d. 对于定比缩分，为使缩分出的试样质量和供料质量成正比，切割间隔应固定，与被缩分煤的质量变化无关。

2）缩分器的工作原理：把试样看作由许多个小质量试样构成，对每一个小质量试样进行切割，从试样中取出一部分或若干部分，从而完成试样的缩分。

机械缩分设备应满足以下要求。

a. 切割器开口尺寸至少为被切割煤标称最大粒度的 3 倍。

b. 有足够的容量或流通量，能够完全保留试样或使试样完全通过而无损失或溢出。

c. 无实质性偏倚，例如不会选择性地收集（或弃去）颗粒或失去水分。

d. 供料方式应使粒度离析达到最小；如收口供料、柱状供料。

e. 缩分时，每一个缩分阶段供入缩分的煤流应均匀。

f. 缩分机械应通过精密度检验和偏移试验方可使用，由缩分机械得到的煤样进一步缩分，应使用二分器。

3）在下列情况下，应按 GB/T 19494.3 所述方法对缩分机械进行精密度检验和偏倚试验。

1）新设计生产时。

2）新设备使用前。

3）关键部件更换后。

4）怀疑精密度不够或有偏倚时。

（2）二分器法。二分器由两组相互交叉排列的格槽及接收器组成。要求两侧格槽数目相等，每侧至少 8 个。格槽开口尺寸至少为试样标称最大粒度的 3 倍，并且不能小于 5mm。格槽相对水平面的倾斜度至少为 60°。为防止粉煤和水分损失，接收器和二分器的主体应配合严密，最好是密封式。使用二分器缩分煤样，缩分前可以不混合煤样。缩分时，应使试样呈柱状（而非带状，带状带来粒度离析）沿二分器的长度来回摆动供入格槽，供料应均匀并控制供料速度，勿使试样集中于一端，勿使格槽堵塞。若缩分需分几步或几次通过二分器时，各步或各次通过后，应交替地从两侧接收器中收取留样。防止二分器单侧分布不均，带来缩分误差。

（3）堆锥四分法。堆锥四分法（如图 1-2 所示）是一种比较方便实用的人工缩分方法，但有粒度离析和水分损失，操作不当会产生偏倚。为保证缩分精密度，要求堆锥时，应将试样少量地从样堆顶部撒下，使之从顶到底，从中心到外缘形成有规律的粒度分布，并至少倒堆 3 次。摊平时，应从上到下逐渐拍平或摊平成厚度适宜的扁平体。分样时，将十字分样板放在扁平体的正中央，向下压至底部，将煤样分成 4 个相等的扇形体。任取两个相对的扇形体做留样。由于要倒堆，此法时间较长，为减少水分损失，操作要快。

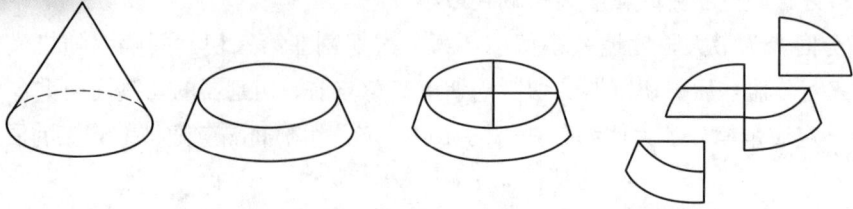

图 1-2　堆锥四分法

（4）九点取样法（仅用于全水分煤样的缩取）。九点法（如图 1-3 所示）是先将煤样铺成一圆饼状，然后从图 1-3 所示的 9 个部位取出一部分试样，从而达到缩分的目的。操作步骤如下。

1）用堆锥四分法将破碎到全水分测定所需粒度的煤样分成两份。

2）将其中一份混合均匀，然后摊成厚度不大于标称最大粒度 3 倍的圆饼状。

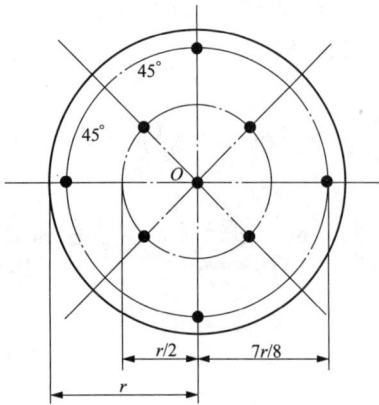

图 1-3　九点取样法

r—底圆半径

3）用与棋盘法相似的方法，用一开口尺寸和边高至少为煤样标称最大粒度 3 倍的平口铲随即从图 1-3 所示煤饼的 9 个位置插入，各取出一部分试样（子样），并合并成全水分试样。

（5）棋盘法（如图 1-4 所示）。将试样充分混匀后，铺成厚度均匀且厚度不大于试样标称最大粒度 3 倍的长方块。如试样量较大，铺成的方块大于 2m× 2.5m，则应分开铺成 2 个或 2 个以上质量相等的长方块。把长方块分成 20 个以上的小块；使用平底取样小铲和插板，从各小块中分别取样；取样时，先将插板垂直插入试样层底部，再插入小铲至试样层底部，将铲向插板方向水平移拢，提起取样铲和插板，取出子样。为保证缩分精密度和防止水分损失，混合及取样操作应迅速，取样时样品不要撒落，从各小方块中取出的子样量要大致相等。

（6）条带截取法。将试样充分混匀后，顺着一个方向（非圆方向）铺放成一长条带，带长至少为宽度的 10 倍，铺带时，在带的两端堵上挡板，使粒度离析仅在带的两侧产生，然后用一宽度至少为试样标称最大粒度 3 倍、边高大于试样带厚度的取样框，沿样带长度每隔一定距离取一段试样作为子样。每一个试样至少截取 20 个子样。

2. 破碎

破碎在于减少颗粒粒度，增加试样颗粒数，从而减少缩分误差。同样质量的试样，粒度越小，颗度数越多，缩分误差就越小。破碎耗时耗力耗能，并会产生试样损失，特别是水分损失，因此，制样不宜直接将大量大粒度试样一次破碎到试样要求的粒度，应采用分阶段破碎缩分的方法逐渐减少试样粒度和质量，但缩分阶段也不宜多，以免误差累积放大。破碎应使用机械设备，允许使用人工方法将大块试样破碎到破碎机可接受的最大供料粒度。破碎机出料粒度取决于其类型和工作参数（如破碎口尺寸或速度）。

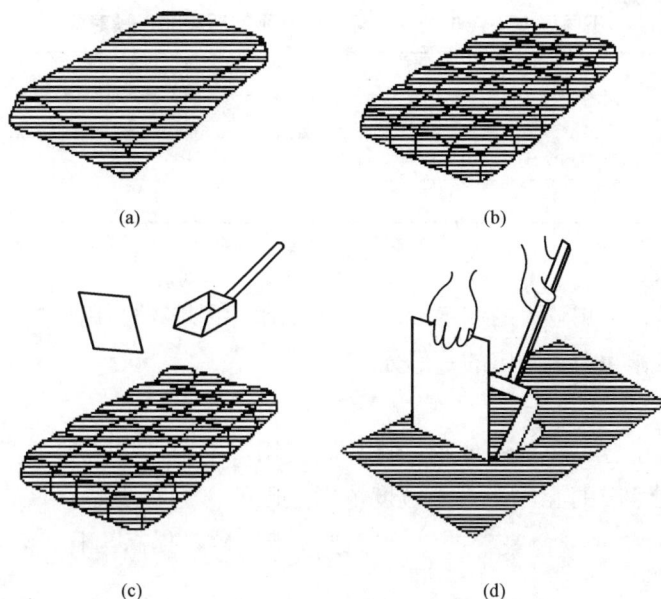

图 1-4　棋盘法

（a）长方块；（b）20 个以上的小块；（c）插入小铲；（d）移拢

破碎机一般要求是破碎粒度准确，破碎时试样损失和机内残留样量少；其他要求，如用于制备全水分、发热量和黏结指数等煤样的破碎机，要求工作时热生成少，工作区空气流动程度尽可能小，故不宜使用圆盘磨和高速破碎机械、转速大于 950r/min 的锤碎机和高速球磨机（大于 20Hz）。制备有粒度范围要求的特殊试样时，应采用逐级破碎法。破碎设备应定期用筛分法检查出料的标称最大粒度。

3. 混合

混合在于使煤样尽可能均匀。理论上，缩分前的充分混合会减小制样误差，但如果使用机械缩分，缩分前的混合对缩分精密度的保证没有多大必要，而且混合还会导致水分损失。简便可行的人工混合方法是使用二分器混合，使试样多次通过二分器（3 次以上）。在制样最后阶段，用机械方法对试样进行混合能够提高缩分的精密度。

4. 空气干燥

空气干燥是将煤样铺成均匀的薄层，在环境温度下使之与环境湿度达到平衡，要求煤样层厚应不超过标称最大粒度的 1.5 倍或表面负荷为 $1g/cm^2$。（哪个厚用那个）；空气干燥的目的是测定外在水分和在随后的制样过程中尽可能减少水分损失；使煤样顺利通过破碎和缩分设备，避免分析试验过程中煤样水分发生变化。

表 1-13 给出了在环境温度小于 40℃下，使煤样与大气达到平衡所需的时间。一般情况下已足够，如果需要，可以适当延长时间，但延长时间应尽可能短，尤其是对易氧化煤。

在使用鼓风干燥箱进行加速干燥时，干燥后、称样前应将煤样置于环境温度下冷却并使之与空气环境湿度达到平衡。冷却时间视干燥温度而定，如在 40℃下进行干燥，一般冷却 3h 足够。注意：以下煤样不应在高于 40℃的温度下加速干燥。

表 1-13　　　　　　　　不同温度下煤样与空气环境达到平衡所需的干燥时间

环境温度（℃）	干燥时间（h）
20	≤24
30	≤6
40	≤4

（1）易氧化煤。

（2）受煤的氧化影响较大的测定指标（如黏结性和膨胀性）用煤样。

（3）空气干燥作为全水测定的一部分。

5. 筛分

筛分一般在制备有粒度范围要求的试样时使用，作用是将达到粒度要求的试样分出来：小于粒度范围下限的弃去；大于粒度范围上限的再进一步破碎。一方面保证试样粒度，另一方面避免粒度符合要求的试样被进一步破碎，提高出样率，同时减少破碎工作量。

五、制样设备

（一）制样设备简介

制样设备包括：

（1）颚式破碎机、锤式破碎机、锤式破碎缩分机、对辊破碎机、制样粉碎机、联合制样机和其他无系统偏差、精密度符合要求的联合破碎缩分机、锤子，手工磨碎煤样的钢板和钢辊。

（2）各种规格的二分器、十字分样板。

（3）平口铁锹、耐热耐腐蚀的敞口盘、天平、台秤、磅秤等称量设备和毛刷、磁铁等清扫设备。

（4）存储煤样用的严密容器、煤样瓶或桶等。

（5）筛孔孔径为 25、13、6、3、1、0.2mm 和其他孔径的方孔筛，3mm 的圆孔筛。

（6）机械筛分用的振筛机。

（7）温度可控的鼓风干燥箱。

（二）制样设备原理与使用方法

1. 颚式破碎机（见图 1-5）

（1）颚式破碎机设备特点。

1）出料粒度可灵活调节。

2）动、定颚板采用特种耐磨合金钢铸造，并采用对称式设计，可换向安装，延长其寿命。

3）整机密封性能好，破碎制样时无粉尘外泄。

图 1-5　颚式破碎机

4）前开门式颚式破碎机，在破碎完成后能很快地对破碎腔进行全面清扫。

5）颚式破碎机适用于破碎高强度、高硬度以及粒度分析试验时对煤样及其他物料进行破碎。

（2）设备原理。颚式破碎机工作原理是动颚板对着定颚板做周期性的往复运动，时而分开，时而靠近，分开时煤样进入破碎腔，煤样从下部卸出；靠近时使装在两块颚板之间的煤样受到挤压、弯折和劈裂作用而破碎。

（3）运行前检查。

1）检查电动机可靠接地，电源连接处无破损。

2）检查设备牢固可靠，紧固件无松动。

3）检查或清扫进料斗、破碎腔和接料抽屉，无残余煤样。

4）检查前开门关闭，拧紧锁紧螺母。

5）检查设备电气开关防护装置处于良好状态。

（4）设备使用方法。

1）合上电源开关。

2）启停颚式破碎机 3 次以上，停电清扫入料口、破碎腔、接料斗。

3）启动颚式破碎机，设备正常运行后缓慢均匀入料，防止堵塞破碎机。

4）入料完毕，停启颚式破碎机 3 次以上，停电清扫入料口、破碎腔，进行倒样。

2. 锤式破碎机（见图 1-6）

（1）设备特点。

1）设备破碎比大（即进料粒度与出料粒度之比）。

2）破碎效率高且破碎粒度均匀，结构紧凑，操作简单，粉尘污染小，噪声低。

3）破碎装置锤头采用耐磨材料制造，锤头为两幅扇形锤片，可有效防止煤样过度破碎，减少煤样因破碎而产生的水分损失，且锤头为对称布置，根据锤头磨损情况可调头安装，以延长锤头使用寿命。

图 1-6　锤式破碎机

4）配备 3 种粒径的筛板，具有快速更换筛板特点，能在 30s 内完成筛板的更换。

（2）设备原理。锤式破碎机是利用电动机带动转子（锤头）高速旋转产生冲击力。依靠高速冲击能量对煤样进行打击，并使煤样块相互撞击，从而使进入破碎腔内的煤样块在自由状态下沿其脆弱面破碎；破碎后的煤样通过筛板孔进入接料斗，完成煤样破碎的过程。

（3）运行前检查。

1）检查电动机可靠接地，电源连接处无破损。

2）检查设备牢固可靠，紧固件无松动。

3）清扫入料口、锤头、筛板、接料斗。

4）检查筛板规格符合要求。

5）检查转子（锤头）磨损情况，不得有裂纹。

6）检查设备破碎腔，不得有异物。

7）检查设备电气开关防护装置，应处于良好状态。

（4）设备使用方法。

1）合上电源开关。

2）启停锤式破碎机 3 次以上，停电清扫入料口、破碎腔、接料斗。

3）将煤样倒入入料口，关闭上进料门，启动锤式破碎机，运行正常后，缓慢、均匀抬起下料闸门入料。

4）入料完毕，停启锤式破碎机 3 次以上，停电待设备停止运行 3min 后，设备内部粉尘落定后清扫入料口、破碎腔，进行倒样。

5）严禁操作人员用手或持物在进料斗中直接或间接辅助下料。

3．锤式破碎缩分机

（1）设备特点。

1）设备破碎比大。

2）破碎效率高且破碎粒度均匀。

3）配备两种粒度口径的筛板。

4）具有缩分系统，可灵活调节。

（2）设备原理。锤式破碎机利用电动机带动转子（锤头）高速旋转产生冲击力。依靠高速冲击能量对煤样进行打击，并使煤样块相互撞击，从而使进入破碎腔内的煤样块在自由状态下沿其脆弱面破碎。破碎后煤样进入缩分系统，进行煤样缩分。

（3）运行前检查。

1）检查电动机可靠接地，电源连接处无破损。

2）检查设备牢固可靠，紧固件无松动。

3）清扫入料口、锤头、筛板、接料斗。

4）检查筛板规格符合要求。

5）检查转子（锤头）磨损情况和不得有裂纹。

6）检查设备破碎腔，不得有异物。

7）检查设备轴承润滑良好。

8）检查设备电气开关防护装置，应处于良好状态。

（4）设备使用方法。

1）合上电源开关。

2）启停锤式破碎机 3 次以上，停电清扫入料口、破碎腔、接料斗。

3）将煤样倒入入料口，关闭上进料门，启动锤式破碎机，运行正常后，缓慢、均匀抬起下料闸门入料。

4）入料完毕，停启锤式破碎机 3 次以上，停电待设备停止运行 3min 后，设备内部粉尘落定后清扫设备，进行倒样。

5）严禁操作人员用手或持物在进料斗中直接或间接辅助下料。

4．对辊破碎机（见图1-7）

（1）设备特点。

1）对煤样可进行逐级破碎。

2）对轨间隙可进行调节。

3）破碎辊两侧护板可拆卸，方便清理。

（2）设备原理。对辊破碎机工作部分一对圆筒形辊轮，两辊轮水平平行安装在机架上，前辊和后辊相向旋转。待破碎的煤样从进料口装入落在轧辊上，在摩擦力作用下，卷入辊轮之间而破碎。被破碎后的煤样落入接料箱，完成整个制样过程。破碎辊之间的间隙调整决定

图1-7 对辊破碎机

了被破碎煤样的出料粒度。对辊破碎机在制样室里通常作为细碎设备获取小于或等于3mm以下粒度的煤样。

（3）运行前检查。

1）检查电动机可靠接地，电源连接处无破损。

2）检查设备牢固可靠，紧固件无松动。

3）检查对辊间隙符合要求。

4）清扫或检查入料口、对辊、接料斗。

5）检查设备电气开关防护装置，应处于良好状态。

（4）设备使用方法。

1）合上电源开关。

2）启停对辊破碎机3次以上，停电清扫入料口、对辊间隙、接料斗。

3）启动对辊破碎机，缓慢均匀入料，防止堵塞破碎机。

4）入料完毕，启停对辊破碎机3次以上，停电清扫入料口、对辊间隙，进行倒样。

5．制样粉碎机

（1）设备特点。

1）制粉粒度均匀细微，可直接用于分析化验。

2）运行非常平稳，噪声极低，采用全密封设计，无粉尘污染，无样料损失。

3）上盖采用气弹簧支撑，开盖自动断电保护人员和设备安全。

4）独有的减荷机构，保护设备耐久可靠。

5）料钵采用快速压紧装置，使用快速方便。

（2）设备原理。制样粉碎机是电动机、偏心块、振动盘和振动粉碎装置为一体的设备。当电动机通电运转时带动偏心块旋转，在偏心块产生的离心力激振下，被激振弹簧支承的部分产生回转运动，即粉碎机产生振动。粉碎料钵内的活动件粉碎环、粉碎棒与粉碎料钵、钵盖之间产生激烈的撞击，从而将置于粉碎钵内的煤样被反复撞击、碾压而成所需

要的粉状颗粒煤样。

（3）运行前检查。

1）检查电动机可靠接地，电源连接处无破损。

2）检查设备牢固可靠，紧固件无松动。

3）检查机箱机架完好，无破损。

4）检查粉碎装置完好，密封圈无破损。

5）检查压紧装置完好，无损坏。

6）检查设备电气开关防护装置处于良好状态。

（4）设备使用方法。

1）合上电源开关。

2）打开上箱体，往上启动手柄，松开压紧装置，取出粉碎装置。

3）将粉碎装置擦拭干净，防止混样。

4）将煤样放入粉碎装置中，将粉碎装置放回定位环内，将压紧装置锁好，盖上上箱体。

5）启动粉碎机，运行120s，停止。

6）取出粉碎装置，将粉样倒出，清扫粉碎装置并放回。

6. 5E-PA 联合制样机

（1）运行前检查。

1）检查电动机可靠接地，电源连接处无破损。

2）检查设备牢固、可靠。

3）检查设备外观良好，无破损。

4）检查设备电气开关防护装置，应处于良好状态。

5）检查设备紧固件有无松动，传送胶带无断裂。

6）检查设备传动部分润滑良好。

（2）设备使用方法。

1）合上电源开关。

2）启停联合破碎机3次以上，排清余料，停电清扫接料斗。

3）启动联合破碎机，运行正常后缓慢、均匀入料，防止堵塞联合破碎机。

4）入料完毕，停启联合破碎机3次以上，停电进行倒样。

（3）工作流程。煤样倒入带式运输机的进料口，通过进料口落在运输胶带上，胶带牵引煤样向上移动，将煤样送入一级破碎的入口，一级破碎后的煤样在达到13mm粒度或6mm粒度后，通过筛板孔落入一级缩分器，经一级缩分器的煤样大部分进入全水分料盒和弃样箱（或经弃料胶带弃出去），小部分进入二级破碎机构；经过二级破碎机构破碎后的煤样粒度在1~3mm（可调），煤样落入二级缩分器被缩分后分别落入机架底部的留样箱，完成整个制样过程。

7. KER-1800B 商品煤联合制样机

（1）运行前检查。

1）检查电动机可靠接地，电源连接处无破损。

2）检查设备牢固、可靠。

3）检查设备外观良好，无破损。

4）检查设备电气开关及防护装置，应处于良好状态。

5）检查设备紧固件有无松动，传送胶带松紧程度。

6）检查设备传动部分润滑良好。

（2）设备使用方法。

1）合上电源开关。

2）启停联合破碎机3次以上，排清余料，停电清扫接料斗。

3）启动联合破碎机，运行正常后缓慢、均匀入料，防止堵塞联合破碎机。

4）入料完毕，停启联合破碎机3次以上，停电进行倒样。

（3）工作流程。煤样倒入振动给料口，通过振动将煤样送入一级破碎的入口，一级破碎后的煤样在达到13mm粒度或6mm粒度后，通过筛板孔落入一级缩分器，经一级缩分器的煤样一部分进入弃样箱（或经弃料胶带弃出去）；另一部分进入二级破碎机构，经过二级破碎机构破碎后的煤样粒度在1～3mm（可调），煤样落入二级缩分器被缩分后分别落入机架底部的留样箱和弃样箱，完成整个制样过程。

8. GM/P-AS多功能联合制样机

（1）运行前检查。

1）检查电动机可靠接地，电源连接处无破损。

2）检查设备牢固、可靠。

3）检查设备外观良好，无破损。

4）检查设备电气开关及防护装置，应处于良好状态。

5）检查设备紧固件有无松动，传送胶带无断裂。

6）检查设备传动部分润滑良好。

（2）设备使用方法。

1）合上电源开关。

2）启停联合破碎机3次以上，排清余料，停电清扫接料斗。

3）启动联合破碎机，运行正常后缓慢、均匀入料，防止堵塞联合破碎机。

4）入料完毕，停启联合破碎机3次以上，停电进行倒样。

（3）工作流程。煤样通过加料输送器输送至锤式破碎机中，经过锤式破碎机破碎后的煤样，进入缩分器中，缩分器采用往复式切割，全断面截取煤样，缩分后的留样进入对辊破碎机，经过对辊破碎机破碎后的煤样进入二分器中，二分器采用往复式切割煤样，全断面截取煤样，缩分后的煤样进入样斗中，全水分煤样在一级缩分弃样中采取。

9. 二分器

（1）二分器特点。

1）二分器是一种简单而有效的缩分器。

2）二分器由两组相互交叉排列的格槽及接收器组成。

3）要求两侧格槽数目相等，每侧至少8个。

4）格槽开口尺寸至少为试样标称最大粒度的3倍，并且不能小于5mm。

5）格槽相对水平面的倾斜度至少为60°。

（2）注意事项。

1）使用前清扫二分器。

2）煤的标称最大粒度与二分器规格相对应。

3）二分器缓慢均与入料，并控制供料速度，防止堵塞。

4）使试样呈柱状沿二分器长度来回摆动供入格槽。

5）每一缩分阶段交替留样。

图1-8　鼓风干燥箱

10. 鼓风干燥箱（见图1-8）

（1）注意事项。

1）检查电源线及接地线是否连接良好。

2）严禁将爆炸性物质、可燃性物质以及含有这些物质的东西放入鼓风干燥箱内。

3）不要将腐蚀性物质放入鼓风干燥箱内。

4）不要放入导电的飘散性试样。

5）不要将鼓风干燥箱的顶面当作作业台和置物台。

6）不要在内胆的底面上放置样品。

7）不得将接地线接到煤气管道上，否则有爆炸的危险。

8）接地线不要在各设备之间互相连接，否则漏电保护器不动作。

9）放入或取出试样要戴防烫手套，严禁超过规定的最高温度，以免损坏。

10）禁止将大量的水放入箱内，也不要将水泼洒在箱内的底面上。

（2）设备使用方法。

1）首先将漏电开关开至"ON"位置，此时面板显示值为箱内实测温度。

2）按【SET/MON】键一次，进入定值运转设定的状态，此时个位数闪烁，按"▲"或"▼"键可对个位数值进行设定。

3）个位确定后，再按"◀"键一次，进入十位设定状态，十位数闪烁。同样可以按"▲"或"▼"键进行变更。

4）百位数设定同理。

5）在设定为所需温度后，按【SET/MON】键一次，表示设定完毕并写入所设定值。同时，开始进行定值设定运行。

6）等温度上升到设定值时，把需干燥处理的样品放入箱内，关好箱门。根据不同的煤样，选择不同的干燥时间。

7）到达干燥时间后，取出样品。

8）如果要停止运转，可以手动将漏电开关扳至"OFF"位置。

六、煤样制备

（一）全水分煤样

1. 一般制备程序

（1）当煤样水分较高时采用如下程序。

全水分煤样→空气干燥（测定外在水分）→破碎到 13mm→缩分到 3kg→破碎到 6mm（或 3mm）→取 1.25kg（或 0.65kg）（测定内在水分）。

（2）当煤样水分较低而又使用水分无实质性损失的破碎机时，可使用如下程序。

全水分煤样→破碎到 13mm→空气干燥（测定外在水分）→缩分到 3kg→破碎到 6mm（或 3mm）→取 1.25kg（或 0.65kg）（测定内在水分）。

（3）当煤样水分较低而又使用水分无实质性损失的破碎和缩分联合设备时，可使用如下程序。

全水分煤样→破碎到 13mm 或 6mm→缩分出 3kg 或 1.25kg（测定全水分）。

2. 注意问题

制备全水分煤样的关键是防止水分的损失，因此应合理地安排空气干燥程序。

（1）煤样水分较低，制样过程中不产生水分实质性偏倚时，可不预先进行空气干燥。

（2）试样量过大，难以全部进行空气干燥时，可先破碎－缩分到一定阶段，再进行空气干燥，但破碎-缩分过程应经检验无实质性偏倚。

（3）试样粒度过大，难以进行空气干燥，可先破碎到一定粒度再干燥，但破碎过程中应不产生实质性偏倚。

（4）当煤样过湿，水分从煤中渗出来或沾到容器上时，应将容器和煤样一块进行空气干燥。

（二）一般分析煤样

1. 一般制备程序

（1）来样称重干燥（干燥可在任一阶段进行，明显干燥的煤样可不空气干燥，但最后制样阶段必须达到空气干燥状态）。

（2）过 13mm 方孔筛，筛上物用颚式破碎机破碎，直至全部过筛。

（3）用机械缩分方法或二分器法缩分，一份用于制取存查样和一般分析样（大于15kg）。

（4）煤样过 6mm 方孔筛，筛上物用锤式破碎机破碎，直至全部过筛。

（5）用 6mm 二分器缩分出不少于 3.75kg 煤样。

（6）过 3mm 圆孔筛，筛上物用对辊破碎机破碎，直至全部过筛。

（7）用 3mm 二分器对煤样进行缩分。

（8）制取大于 100g 一般分析样，送烘干间干燥。

（9）煤样过孔径为 0.2mm 的筛子，筛上物用密封式研磨机破碎，直至全部过筛，在煤样达到空气干燥状态后，装瓶密封。

2. 注意事项

（1）制备好装瓶，装瓶量应不超过煤样瓶容量的 3/4，以便分析取样时易于混合。

（2）制备一般分析试验煤样时的空气干燥可在任一制样阶段进行，如果煤样能顺利通过破碎和缩分设备，也可不进行干燥。

（3）最后制样阶段前的干燥不要求达到湿度平衡状态，但最后制样阶段的空气干燥应达到湿度平衡状态。

（4）破碎应使用机械方法，允许使用人工方法将大块破碎到破碎机可接受的最大供料粒度以下。一般在可能情况下，最好在制样的第一阶段就直接将煤样破碎到 3mm 以下，减少后续阶段的留样量，同时最大限度地减少缩分误差，当煤样粒度太大或水分过高时，可在 3mm 阶段之前增加一个制样阶段。

（5）缩分应使用机械方法。如使用人工缩分时，试样粒度小于 13mm 后应开始用二分器缩分，如用棋盘法和条带法，至少取 20 个子样。

（6）粒度小于 3mm 的煤样（质量符合表 1-12 的规定），如能全部通过 3mm 的圆孔筛，则可用二分器直接缩分出不少于 100g 制备一般分析试验用煤样。

（7）在粉碎成粒度小于 0.2mm 之前，应使用磁铁将煤样中铁屑除去，再破碎到全部通过 0.2mm 的筛子，待达到空气干燥状态后，即可装入煤样瓶。

3. 共用煤样

在多数情况下，为方便起见，采样时都同时采取全水分测定和一般分析试验用的共用煤样。制备共用煤样时，应同时满足 GB/T 211《煤中全水分的测定》和一般分析试验项目国家标准的要求，其制备程序如图 1-9 所示。

从共用煤样中分取全水分煤样最好用机械方法；如果共用煤样水分过高又不可能将整个煤样进行干燥，则可用人工方法。

从理论上讲，只要遵守全水分煤样制备规则，全水分煤样可以在任一制样阶段分取，但为最大限度地减小水分损失，全水分煤样应尽早分取。

人工分取全水分煤样，可用棋盘法、条带法和九点法。为避免水分损失，空气干燥前应尽量减少煤样处理。分取全水分后的煤样（除九点法抽样外）的余样用于制备一般分析试验煤样。

如用九点法抽取全水分煤样，则必须先将其分成两部分，一份制全水分试样，另一份制一般分析试验煤样。

4. 存查煤样

（1）存查煤样的制备。存查煤样在原始煤样制备的同时，用相同的程序于一定的制样阶段分取。如无特殊要求，一般可以标称最大粒度为 3mm 的煤样 700g 作为存查煤样。

存查煤样应尽可能少缩分，缩分到最大储存量即可；也不要过多破碎，破碎到与最大储存质量相应的标称最大粒度即可。

（2）存查煤样的保存。存查煤样的保存时间可根据需要确定。商品煤存查煤样，从报出结果之日起一般应保存 2 个月，以备复查。

（3）存查煤样的作用。

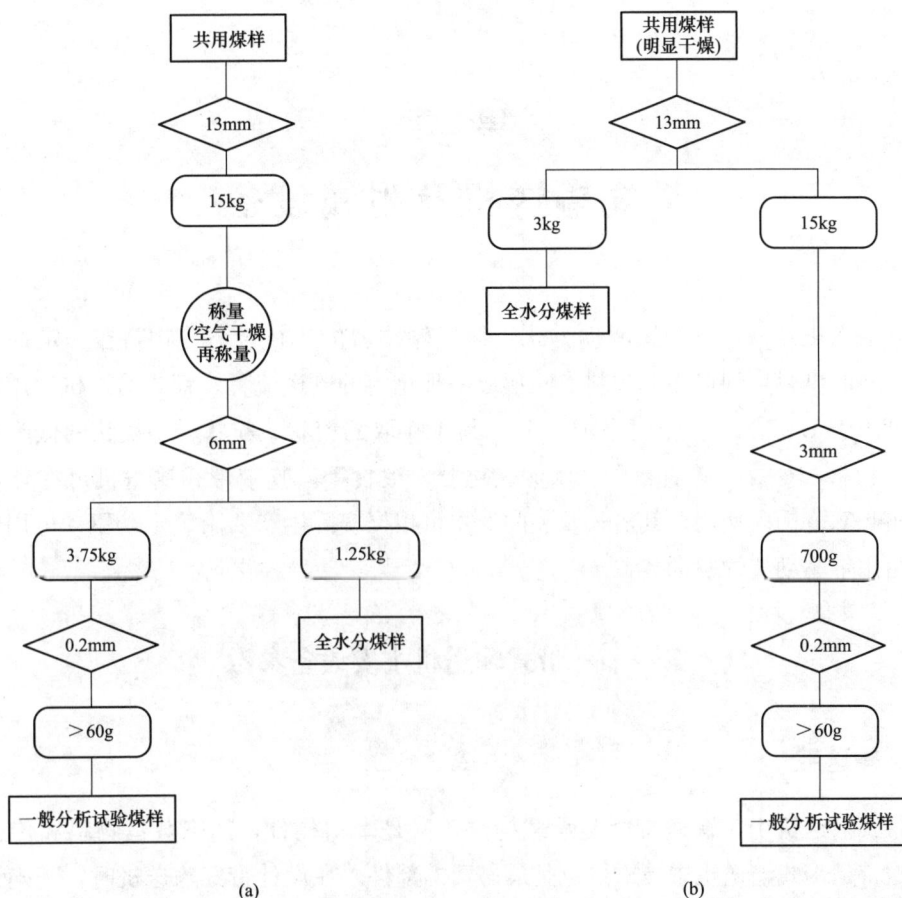

图 1-9　制备程序

（a）共用煤样；（b）共用煤样（明显干燥）

1）实验室质量管理。

2）原始化验结果有疑问或丢失时进行再检验。

3）发生品质纠纷或疑问时进行再检验。

注意：存查煤样的测定结果只能证明原化验结果是否正确，不能证明采样和制样是否正确，因此它不能作为批煤品质纠纷的仲裁依据，特别是单方面的存查煤样。

思考题

1. 煤粉试样制备的流程包括哪些？

2. 煤粉制备中人工缩分方法主要有哪些？

3. 颚式破碎机工作原理是什么？

第二章

带式输送机及附属设备

带式输送机是一种以摩擦驱动方式连续运输物料的机械设备。物料在一定的输送线上，从最初的供料点到最终的卸料点间形成一种物料的输送流程。带式输送机适用于输送堆积密度小于 $1.67t/m^3$，温度小于 $60℃$，易于掏取的粉状、粒状、小块状的低磨琢性物料及袋装物料，如煤、碎石、砂、水泥、化肥、粮食等。胶带带式输送机可在环境温度 $-20～+40℃$ 范围内使用。其机长及装配形式可根据实际生产要求确定，驱动可用电动滚筒，也可用带驱动架的驱动装置。

第一节　带式输送机主要设备参数

一、输送带

在带式输送机中，输送带既是承载构件，又是牵引构件，用来载运物料和传递牵引力。输送带是带式输送机中最重要也是最昂贵的部件，在设计带式输送机时，正确计算选择输送带非常重要，在设计其他部件时，应尽量减少引起输送带不正常损坏的可能，必要时加装安全防护装置。

带式输送机常用的输送带主要有两大类：织物芯输送带和钢丝芯输送带，带芯织物材质代号见表 2-1。

表 2-1　　　　　　　　　　　　　带芯织物材质代号

代号	内容	代号	内容
CC	棉帆布	PP	聚酯帆布
VV	维纶帆布	PN（EP）	聚酯、聚酰胺交织（或混纺）帆布
VC	维棉交织（或混纺）帆布	ST	钢丝绳芯
NN	聚酰胺帆布	SC	钢丝绳牵引

1. 织物芯输送带

织物芯输送带（见图 2-1）中的衬垫材料主要有尼龙、聚酯（涤纶）等，具有耐磨、耐腐蚀、耐酸碱、耐油的优点。衬垫材料由棉线织成衬里，经线和纬线相互交织，各层织物相互间用橡胶粘合在一起，形成织物芯；然后在衬垫的上、下及两侧覆以橡胶，以保护中间的织物不受机械损伤及周围介质的有害影响。

上覆盖胶层一般较厚，这是输送带的承载面，直接与物料接触并承受物料的冲击和磨损。普通织物橡胶带的上覆盖胶层的厚度根据被运物料的特性不同，一般在 2～8mm 之间，推荐厚度见表 2-2。下覆盖胶层是输送带与支撑托辊接触的一面，主要是承受压力。侧边橡胶覆盖面的作用是当输送带跑偏，侧面与机架相接触时，保护衬垫不受机械损伤。

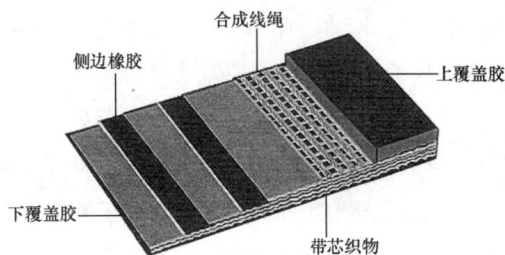

图 2-1　织物芯输送带

表 2-2　　　　　　　橡胶输送带覆盖胶的推荐厚度

物　料　特　性	物　料　名　称	覆盖胶厚度（mm）	
		上胶厚	下胶厚
中小粒度或磨损性小的物料	焦炭、白云石、石灰石、砂等	3.0	1.5
块度小于 200mm、磨损性较大的物料	破碎的矿石、选矿产品、各种岩石等	4.5	1.5
磨损性较大的大块物料	大块铁矿石、油母页岩	6.0	1.5

普通织物芯输送带适用于工作温度在 -15～+40℃ 之间，主要用于常温下输送非腐蚀性的无尖刺的块状、粒状、粉末的物料，如煤炭、焦炭、砂石、水泥等散物（料）或成体物品输送。对于工作环境有特殊要求的场合，如高温、高腐蚀、严寒的作业条件下，可以采用经化学处理的耐热带、耐寒带、耐油带、难燃带等。

2. 钢丝芯输送带

随着长距离、大运量带式输送机的出现，一般的织物芯输送带强度已远远不能满足需要，取而代之的是用一组平行放置的高强度钢丝绳作为带芯的钢丝芯输送带（见图 2-2）。钢丝绳一般由直径相等的钢丝顺绕制成，上、下覆盖橡胶面，芯胶的材料必须具备与钢丝有较好的浸透性和黏合性。钢丝绳的排列采用左绕和右绕相间，以保证胶带的平整。

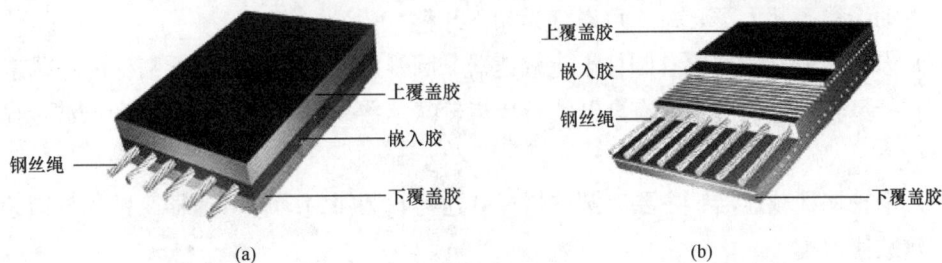

（a）　　　　　　　　　　　　　（b）

图 2-2　钢丝芯输送带

（a）外观；（b）剖面

钢丝芯输送带与织物芯输送带相比，具有下列主要优点。

（1）抗拉强度高，可满足大运量、长距离的需要。国产钢丝芯输送带的带芯强度可达到 5000N/mm，最高绳芯带的强度已达到 8000N/mm。

（2）弹性伸长和残余伸长量小，张紧装置的行程可以大大减少。钢丝芯输送带的伸长量大约为织物芯输送带伸长量的 1/10。由于所需张紧的行程短，对于合理布置选择张紧装置形式是极为有利的，此外，钢绳芯带的纵向弹性模量大，张力传递速度快，不会出现"浪涌"现象，启动和制动容易控制。

（3）成槽性好。由于钢绳芯胶带只有一层芯体，与托辊贴合紧密，可以形成较大的槽型角，可以大大增加运输量，并且也可以防止胶带跑偏。

（4）输送带的滚筒直径小。由于钢绳芯较薄，在相同的条件下允许采用比织物芯带小的直径滚筒。

（5）动态性能好，使用寿命长。钢绳芯胶带以钢丝绳作为带芯，其耐弯曲疲劳强度和耐冲击性能比普通织物输送带较好，使用寿命一般能达到 10 年左右，使输送机的使用成本相应降低。

常用国产钢丝芯输送带的规格及技术参数见表 2-3。

表 2-3 钢丝芯输送带的规格及技术参数（参考值）

输送带型号	ST630	ST800	ST1000	ST1250	ST1600	ST2000	ST2500	ST3150
纵向拉伸强度（N/m）	630	800	1000	1250	1600	2000	2500	3150
钢丝绳最大直径（mm）	3.0	3.5	4.0	4.5	5.0	6.0	7.5	8.1
钢丝绳间距（mm）	10	10	12	12	12	12	15	15
带厚（mm）	13	14	16	17	17	20	22	25
上覆盖胶厚度（mm）	5	5	6	6	6	8	8	8
下覆盖胶厚度（mm）	5	5	6	6	6	6	6	8

二、减速器

1. 减速器的分类

减速器的种类很多，输送机常用的减速器有齿轮减速器、行星轮减速器、蜗轮蜗杆减速器、电动滚筒等几大类，每类可以分为如下几种。

（1）齿轮减速器：主要有圆柱齿轮减速器、圆锥齿轮减速器和圆锥圆柱齿轮减速器。

（2）行星轮减速器：主要有渐开线行星齿轮减速器、摆线针轮减速器和谐波齿轮减速器等。

（3）蜗轮蜗杆减速器：主要有圆柱蜗杆减速器、圆弧齿蜗杆减速器、锥蜗杆减速器和蜗杆齿轮减速器等。

（4）电动滚筒：按照传动结构有定轴齿轮传动电动滚筒、行量齿轮传动电动滚筒、摆线针轮传动电动滚筒等。

2. 减速器基本条件

（1）减速器的工作环境温度一般为 -20～+40℃，当环境温度低于 0℃ 时，减速器要配备预热装置，当温度高于 40℃ 时，应采取隔热或冷却设施。

（2）减速器的高速轴最大转速一般不超过 3000r/min，当超过 1800r/min 时减速机的技术要求用户应与制造厂家协商。

（3）减速器油脂应严格按照铭牌说明书型号使用，或根据型号按照相关国家标准或行业标准确定。

（4）减速器各部位结合面不得有漏油、渗油现象，不得使污物和水渗入机体内部。

（5）额定负载下，减速器的油温达到热平衡温度，或采用水冷减速器油温在 $75\pm5℃$ 时，减速机为硬齿面传动，每级传动效率不小于 0.98，软齿面齿轮，每级传动效率不小于 0.965。

（6）机体和机盖结合面在自由结合状态下，应检查结合面的接触密合性，用 0.05mm 的塞尺不能塞入。

（7）机体机盖合箱后，边缘应齐平，每边相互错位量不得大于 2mm。

（8）减速机可满足电动机启动时所产生的短期超载不超 1 倍的负荷。

（9）减速机试运应在空载、重载并额定转速条件下各运行时间不小于 2h，运转过程中，无冲击、无异声、不漏油，振动幅度不超过 0.1mm。

（10）减速器的使用寿命一般不少于 25 000h，减速机轴承使用寿命不得少于 10 000h。

三、联轴器

联轴器又称联轴节。用来将不同机构中的主动轴和从动轴牢固地连接起来一同旋转，并传递运动和扭矩的机械部件。一般分为两半，分别采用键或紧配合等连接方式，紧固在两轴端，再通过某种方式将两半联轴器连接起来。联轴器可兼有补偿两轴之间由于制造安装不精确、工作时的变形或热膨胀等原因所发生的偏移（包括轴向偏移、径向偏移、角偏移或综合偏移），以及缓和冲击、吸振等作用。

联轴器可分为刚性联轴器和挠性联轴器两大类。

1. 刚性联轴器

刚性联轴器不具有缓冲性和补偿两轴线相对位移的能力，要求两轴严格对中，但此类联轴器结构简单，制造成本较低，装拆、维护方便，能保证两轴有较高的对中性，传递转矩较大，应用广泛。常用的有凸缘联轴器、套筒联轴器和夹壳联轴器等。

2. 挠性联轴器

挠性联轴器又可分为无弹性元件挠性联轴器和有弹性元件挠性联轴器，无弹性元件挠性联轴器只具有补偿两轴线相对位移的能力，但不能缓冲减振，常见的有滑块联轴器、齿式联轴器、万向联轴器和链条联轴器等；有弹性元件挠性联轴器因含有弹性元件，除具有补偿两轴线相对位移的能力外，还具有缓冲和减振作用，但传递的转矩因受到弹性元件强度的限制，不及无弹性元件挠性联轴器，常见的挠性联轴器有弹性套柱销联轴器、弹性柱销联轴器、梅花形联轴器、轮胎式联轴器、蛇形弹簧联轴器和簧片联轴器等。

带式输送机一般使用挠性联轴器，主要有梅花形弹性联轴器和柱销联轴器两种型式。

（1）梅花形弹性联轴器。梅花形弹性联轴器（图 2-3）的弹性元件近似梅花状，装在两个形状相同的半联轴器的凸爪之间，以实现两半联轴器的连接，通过凸爪与弹性元件之间的挤压传递动力，弹性元件的弹性变形可补偿两轴相对偏移，实现减振缓冲。梅花形橡胶弹性元件只承受到压力，而不再承受弯矩，能承受更大的负荷，可靠性更好。其具有补偿两轴相对偏移、减振、缓冲的性能，径向尺寸小、结构简单、不用润滑、承载能力高、维护方便、更换弹性元件需轴向移动等特点。

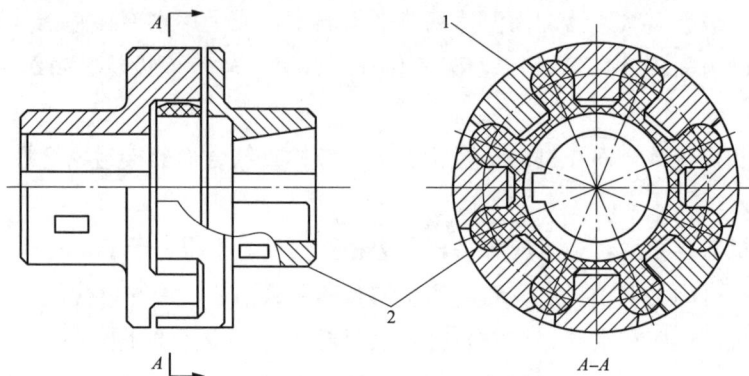

图 2-3　梅花形弹性联轴器

1—半联轴器；2—梅花型弹性元件

梅花形弹性联轴器性能影响因素如下。

1）温度影响：温度过低、过高对联轴器的弹性元件的影响都是不利的，考虑非金属弹性元件材料的强度受温度影响较为明显，因此在进行联轴器校核时要考虑环境温度对其产生的影响。

2）冲击载荷影响：在传动轴系中，由于动力机带动负载启动、突然制动或平稳运行突遭冲击时，均会出现冲击载荷，严重的冲击载荷会使联轴器因瞬时过载而失效。理论分析指出，弹性联轴器承受和传递的最大计算转矩与联轴器的阻尼特性及轴系固有频率有关。

3）启动频率影响：启动时会产生附加载荷，在联轴器选型时应考虑启动频率对强度的影响。

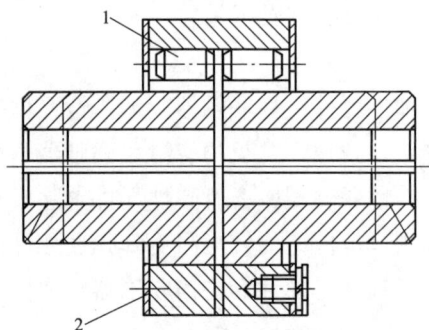

图 2-4　弹性柱销联轴器

1—柱销；2—半联轴器

（2）柱销联轴器。柱销联轴器（见图 2-4）一般分为弹性柱销联轴器、弹性套柱销联轴器、弹性柱销齿式联轴器及尼龙棒柱销联轴器，前 3 者由螺栓连接，螺栓的杆装有弹性垫圈。尼龙棒柱销联轴器是用尼龙棒连接两个半联轴器配套的孔，外端面用挡板限定。

柱销联轴器适用于各种机械连接两同轴线的传动轴，通常用于启动频繁的高低速运动。具有结构简单合理、维修方便、两面对称可互换、寿命长、允许较大的轴向窜动，具有缓冲、减震、耐磨等性能。

四、液力耦合器

液力耦合器（见图 2-5）是利用液体的动能进行能量传递的一种液力传动装置，它以液体油作为工作介质，通过泵轮和涡轮将机械能和液体的动能相互转化，从而连接原动机与工作机械实现动力的传递。液力耦合器作为节能设备，可以无级变速运转，工作可靠，操作简便，调节灵活，维修方便。采用液力耦合器便于实现工作机全程自动调节，以适应载荷的变化，可节约大量电能，适用于各种需要变负荷运转的给水泵、风机、粉碎机等旋转式工作机。

工作原理：液力耦合器是以液体为介质传递功率的 种动力传递

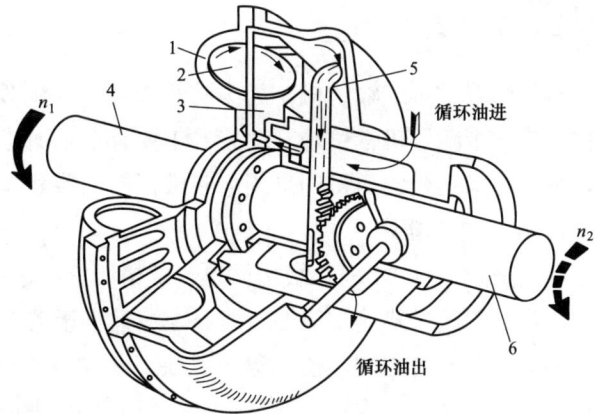

图 2-5　液力耦合器工作原理示意图
1—泵轮；2—循环油；3—涡轮；
4—主动轮；5—勺管；6—从动轮

装置，主要由两个带有径向叶片的碗状工作轮组成。由主动轴传动的轮称为泵轮，带动从动轴转动的轮称为涡轮，泵轮和涡轮中间有间隙，形成一个循环圆状腔室结构。工作时，原动机带动液力耦合器主动轴及泵轮转动，泵轮内的液体介质在离心力的作用下由机械能转换为动能，形成高压、高速液流冲向涡轮叶片；在涡轮内，液流沿外缘被压向内侧，经减压减速后动能转换为机械能，带动涡轮及从动轴旋转，实现能量的柔性传递。做功后的液体介质返回泵轮，形成液流循环。

液力耦合器内液体的循环是由于泵轮和涡轮流道间不同的离心力产生压差而形成的，因此泵轮、涡轮必须有转速差，这是液力耦合器的工作特性所决定的。泵轮、涡轮的转速差称为滑差，在额定工况下，滑差为输入转速的 2%～3%。

调速型液力耦合器可以在主动轴转速恒定的情况下，通过调节液力耦合器内液体的充满程度实现从动轴的无级调速（调速范围为 0 到输入轴转速的 97%～98%），调节机构称为勺管调速机构，它通过调节勺管的工作位置来改变液力耦合器流道中循环液体的充满程度，实现对被驱动机械的无级调速，使工作机按负载工作范围曲线运行。

液力耦合器具有以下工作特点。

(1) 节省能源。输入转速不变的情况可获得无级变化的输出转速，对离心机械（如泵）在部分负荷的工作情况下，与节流式相比节省了相当大的功率损失。

(2) 空载启动。电动机启动后工作油系统开始工作，按需要加载控制、无级变速，电动机启动电流小，延长了使用寿命，并可选用较小电动机，节省投资。

(3) 离合方便。充油即行接合，传递扭矩、平稳升速；排油即行脱离。

(4) 振动阻尼与冲击吸收。工作轮之间无机械联系，通过液体传递扭矩，柔性连接，具有良好的隔振效果；并能大大减缓两端设备的冲击负荷。

(5) 过载保护。当从动轴阻力矩突然增加时，滑差增大直至制动，而原动机仍能继续运转而不致损坏，同时保护了从动机不致进一步损坏。

(6) 使用寿命长。无磨损，坚固耐用，安全可靠。

五、制动装置

对于倾斜式带式输送机，为了防止有载停车时发生倒转或顺滑现象，应设置制动器。织物芯输送带输送机常用的制动装置主要有带式逆止器、滚柱逆止器和液压推杆闸瓦制动器，钢丝芯输送带输送机则采用电磁推杆制动器和盘形制动器。

1. 带式逆止器

带式逆止器（图2-6）结构简单，价格便宜，适用于倾角小于或等于18°的上行带式输送机。当倾斜式带式输送机停车时，在负载重量的作用下，带式输送机倒转，将制动胶带带入滚筒与输送带之间，楔住滚筒。缺点是制动时先倒转一段，造成给料处堵塞、溢料，头部滚筒直径越大，倒转距离越长，目前DTⅡ型输送机一般不采用这种逆止器。

2. 滚柱逆止器

滚柱逆止器见图2-6（b）由行星轮、滚柱、外套、弹簧组成，在输送带正常工作时，即行星轮做顺时针旋转，滚柱处在星齿空隙切口的最宽处，而随行星轮转动，不妨碍输送带的正常运转。当输送机停车时，在负载的作用下，输送带和滚筒带动行星轮倒转，即行星轮做逆时针旋转，滚柱将被滚向行星轮的星齿切口的狭窄处，并碰上固定圈，楔紧在行星轮和固定圈之间，输送带被制动。

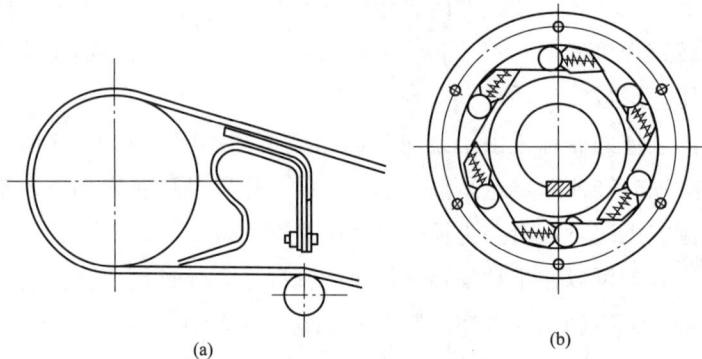

(a)　　　　　　　　　　(b)

图 2-6　逆止器

（a）带式逆止器；（b）滚柱逆止器

3. 液压推杆闸瓦制动器

液压推杆闸瓦制动器（见图2-7）工作原理当驱动机构断电、停电工作时，电液推动器也同时或延时断电，此时制动弹簧的弹力通过两侧的两条制动臂传递到制动瓦块及其制动衬垫上，产生摩擦力并形成制动力矩，起到制动作用。当驱动机构电动机通电时，推动器提前或者同时通电，在极短的时间内产生足够大的力升起推杆，压缩制动弹簧，制动臂带动制动衬垫向外张开，制动力矩消除。

4. 电磁推杆制动器

电磁推杆制动器（见图2-8）由衔铁、绕组、弹簧、闸瓦等组成，制动器的线圈接通额定电压时，电磁力吸合衔铁，使衔铁与闸轮脱离（释放），这时轴带着闸轮正常运转或启动，当传动系统分离或断电时，制动器也同时断电，此时弹簧施压于衔铁，迫使闸轮与

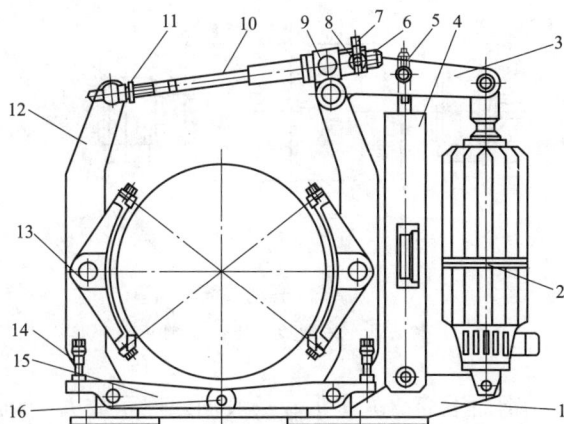

图 2-7　液压推杆闸瓦制动器

1—底座；2—电液推动器；3—三角板；4—制动弹簧；5—力矩调节螺母；6—紧固螺母；

7 补偿紧定螺栓螺母；8—拔销；9—补偿套；10—制动拉杆；11—防松螺母隔套垫片；

12—制动臂；13—制动瓦块；14—锁紧螺栓、螺母；15—退距等杠杆；16—互锁销

闸瓦之间产生摩擦力矩，使轴快速停转。

5. 盘形制动器

盘形制动器利用液压油通过油缸推动闸瓦沿轴向压向制动盘，使其产生摩擦而制动。每套制动器油缸均为 4 个，由一套液压系统统一控制，这种盘形制动器特点是制动力矩大，散热性能好，油压可以调整，在工作中制动力矩可做无级变化。在液压系统中，采用电磁式比例溢流阀，它是一种按输入电信号，对液压系统中的油压进行连续的、按比例控制的电液元件。目前，在 DT 系列输送机中，盘形制动器采用手动操纵，由司机根据各种仪表指示或凭借观察对

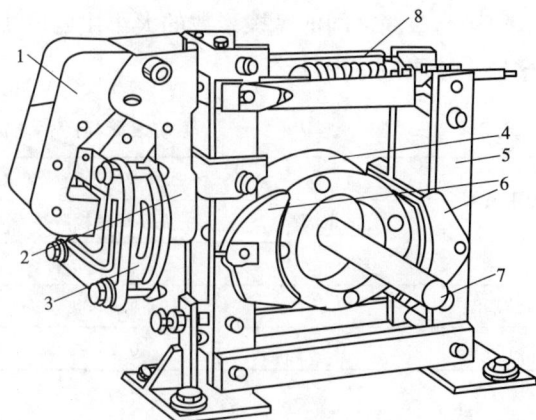

图 2-8　电磁推杆制动器

1—衔铁；2—铁芯；3—绕组；4—闸轮；
5—杠杆；6—闸瓦；7—轴；8—弹簧

其电位器进行手调，控制输出电流，进而控制油压和制动力矩大小，以便输送机制动平衡可靠。

六、滚筒

1. 驱动滚筒

带式输送机的驱动滚筒是传递牵引力给输送机的重要部件，见图 2-9。驱动滚筒根据承载能力分为轻型、中型和重型 3 种。滚筒直径尺寸一般按照相关国家标准规定执行。同一种滚筒直径又有几种不同的轴径和中心跨距。

驱动滚筒分为裸露光钢面、人字形花纹和菱形花纹橡胶覆面 3 种。小功率、小带宽及

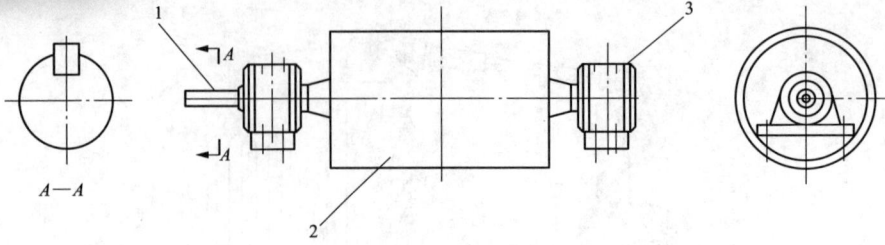

图 2-9　驱动滚筒

1—输入轴；2—驱动滚筒；3—轴承座

环境干燥时可采用裸露光钢面滚筒。人字形花纹胶面摩擦系数大，防滑性和排水性好，但有方向性。菱形胶面用于双向运行的输送机。用于重要场合的滚筒，最好采用硫化橡胶覆面。用于阻燃、隔爆条件时，应采取相应的措施。

驱动滚筒作为传递牵引力的重要部件，因此，输送带与滚筒之间必须有足够的摩擦力。为了保证牵引所需的摩擦力，需增加滚筒与胶带之间的摩擦系数，通常在滚筒表面铸上橡胶或聚氨酯覆面，覆面上刻有人字槽，人字槽的方向与滚筒旋转方向一致，以利于槽内杂物排出。

胶带与滚筒之间的摩擦系数的大小主要取决于输送机的使用条件，表 2-4 所示为推荐的摩擦系数取值范围。

表 2-4　　　　　　　　　驱动滚筒与胶带之间的摩擦系数

使用条件	滚筒覆盖面			
	光面钢滚筒	人字形槽橡胶覆面	人字形槽聚氨酯覆面	人字形槽陶瓷覆面
干燥	0.35～0.4	0.4～0.45	0.35～0.4	0.4～0.45
清洁潮湿	0.1	0.35	0.35	0.35～0.4
潮湿多灰	0.05～1	0.25～0.3	0.2	0.35

2. 改向滚筒

改向滚筒（见图 2-10）一般用于平行带式输送机和特殊结构带式输送机的无载分支上，用于改变带式输送带的运行方向或增加带式输送带与驱动滚筒间的围包角。

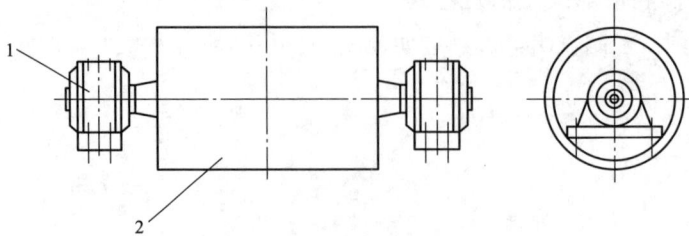

图 2-10　改向滚筒

1—轴承座；2—改向滚筒

改向滚筒按承载能力分轻型、中型和重型；一般直径分为 50～100mm、120～180mm

及 200～260mm，结构型式与驱动动滚筒一致。

改向滚筒用于改变输送带运行方向。用于 180°改向时在尾部或垂直拉紧装置处；用于 90°改向时放在垂直拉紧装置的上方。增面滚筒一般用于小于或等于 45°的场合。

改向滚筒有裸露光钢面和平滑胶面两种。

七、支撑托辊

托辊的作用是支撑输送带和输送带上的物料质量，使输送带沿预定的方向平稳地运行。对于运输散粒物料的输送机，支撑托辊使输送机在有载部分支撑槽形，可以增大运量和防止物料向两边撒漏。

托辊按照用途不同可分为一般托辊和特种托辊，特种托辊包括调心托辊和缓冲托辊等。各种常用托辊如图 2-11 所示。

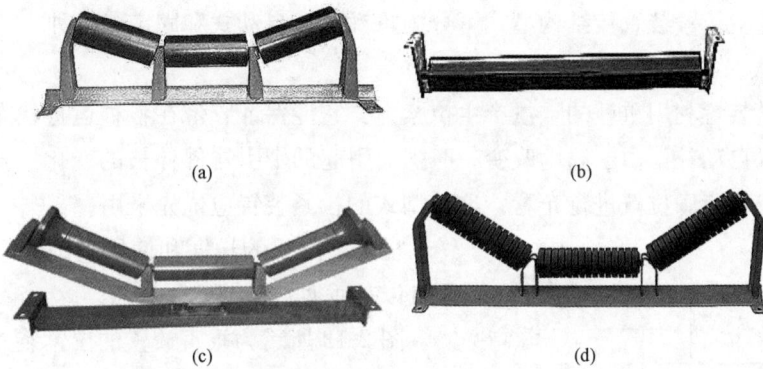

图 2-11　各种常用托辊
（a）槽形托辊；（b）平行托辊；（c）调心托辊；（d）缓冲托辊

（1）槽形托辊：用于承载分支上输送散状物料。

（2）平行托辊：平行上托辊用于承载分支上输送成件物品，平行下托辊用于回程分支上支撑输送带。

（3）调心托辊：用于调整输送带跑偏，防止蛇行，保证输送带稳定运行。前倾式槽形托辊也起调心、对中作用。

（4）缓冲托辊：安装在输送机受料段的下方，减小输送带所受物料的冲击，延长输送带的使用寿命。

（5）回程托辊：用于下分支支撑输送带，有平行、Ｖ形、反Ｖ形几种，Ｖ形与反Ｖ形托辊能降低输送带跑偏的可能性。当Ｖ形和反Ｖ形两种型式配套使用时，形成菱形断面，能更有效地防止输送带跑偏。

（6）过渡托辊：安装在滚筒与第一组托辊之间，槽型角度一般分为 10°、20°、25°等，可使输送带逐步成槽或由槽形展平，以降低输送带边缘因成槽延伸而产生的附加应力，同时也防止输送带展平时出现撒料现象。

此外，还有梳形托辊和螺旋托辊，作用为清除输送带的粘料，保持带面清洁。

八、拉紧装置

(一) 拉紧装置的作用

(1) 使输送带具有足够的张力，保证输送带和传动滚筒间产生摩擦力，使输送带不打滑，并限制输送带在各托辊间的垂度，使输送机正常运行。

(2) 保证输送机各点的胶带张力不低于一定值，以防止胶带在托辊之间过分松弛而引起撒煤和增加运动阻力。

(3) 补偿胶带的塑性伸长和过渡工况下弹性伸长的变化。

(4) 为输送带重新接头提供必要的行程。

在带式输送机的工艺布置中，选择合适的拉紧装置，确定合理的布置位置，是保证输送机正常运转、启动和制动时胶带在驱动滚筒上不打滑的必要条件。

(二) 拉紧装置分类

带式输送机拉紧装置按结构型式可分为重锤式、自动式和固定式 3 种。

1. 重锤式拉紧装置

重锤拉紧装置利用重锤的重量产生拉紧力。它能保证胶带在各种运行状态下有恒定的张紧力，可以自动补偿由于温度改变、磨损而引起的牵引构件伸长的变化。安装布置时能利用输送机栈桥走廊位置进行布置，这种型式的拉紧装置应优先采用。

根据输送机的长度和使用场地，重锤式拉紧装置可以是垂直放置或水平放置。

图 2-12 所示为垂直放置的拉紧装置，其输送带下方有足够的空间放置拉紧滚筒、重锤和所需的拉紧行程。优点是拉紧装置可以布置在离驱动滚筒不远的无载分支上，所需的重锤重量小；缺点是需设置两个导向滚筒，增加胶带的弯曲次数和胶带的磨损。

图 2-13 所示为水平放置的拉紧装置，其拉紧滚筒设置在沿水平或下倾斜导轨移动的小车上，拉紧重锤通过滑轮组和小车连接。

重锤式拉紧装置有以下几种主要应用形式。

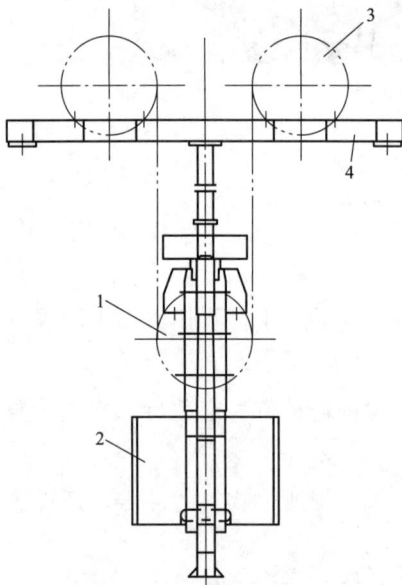

图 2-12　垂直式重锤拉紧装置

1—拉紧滚筒；2—重锤；3—改向滚筒；4—机架

(1) 车式重锤塔架拉紧装置：当垂直重锤拉紧装置受安装高度的限制，拉紧行程受限时，为了增加拉紧行程，采用车式重锤塔架拉紧装置。车式重锤塔架拉紧装置如图 2-14 所示，由安装在塔架内的重锤装置带动钢丝绳拉紧车上的改向滚筒，拉紧车在拉紧装置架上水平移动，由于塔架的高度不受输送机安装高度的限制，所以车式重锤塔架拉紧装置可以提供带式输送机的安装高度不足时提供的拉紧行程。

(2) 重锤-绞车联合拉紧装置。对于长距离带式输送机，当重锤拉紧装置的行程不满

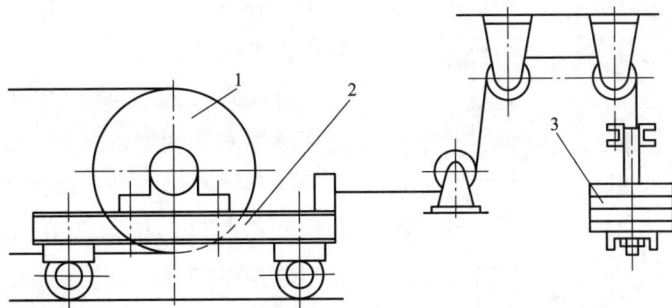

图 2-13　水平式重锤拉紧装置

1—拉紧滚筒；2—小车；3—重锤

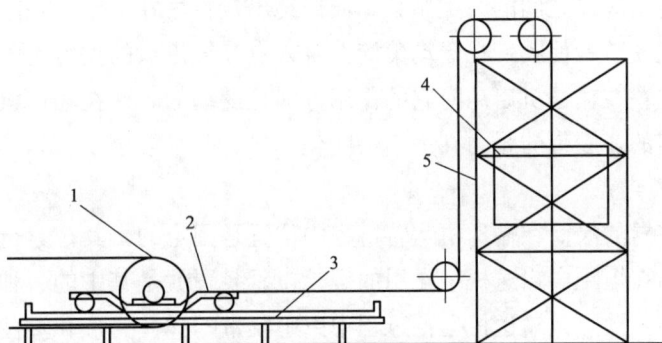

图 2-14　车式重锤塔架拉紧装置

1—拉紧滚筒；2—拉紧小车；3—拉紧装置架；4—重锤装置；5—塔架

足运行要求时，通常采用重锤-绞车联合拉紧装置，如图 2-15 所示。绞车拉紧装置行程大，可实现长距离拉紧行程，重锤-绞车联合拉紧装置具有拉紧行程大、恒张力特点。

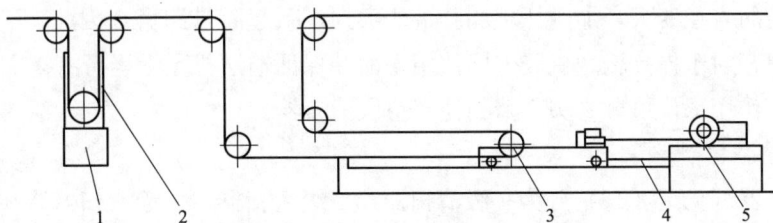

图 2-15　重锤-绞车联合拉紧装置

1—重锤拉紧；2—重锤防坠落装置；3—拉紧车；4—防断绳保护装置；5—绞车

（3）双重锤拉紧装置（见图 2-16）。在工程设计上通常遇到安装高度不能满足拉紧行程、平面空间非常有限的情况，为解决安装高度、空间不能满足拉紧行程要求的问题，采用新式拉紧装置——双重锤拉紧装置。优点是减少拉紧行程；缺点是需要的滚筒数量多，输送带缠绕次数多。

2. 自动式拉紧装置

自动拉紧装置是现代长距离带式输送机中应用比较广泛的形式，它实现张力自动补偿

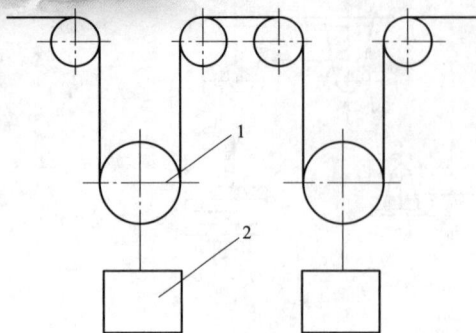

图 2-16　双重锤拉紧装置

1—拉紧滚筒；2—重锤装置

胶带的弹性变形和塑性变形。缺点是结构复杂，外形尺寸大。

自动式拉紧装置的类型：按作用原理分为连续型和周期型；按控制数量分为 1 个、两个及 3 个控制参数型；按驱动方式分为电力驱动和液压驱动；按被调节的绕出点张力变化规律分为稳定式、随动式和综合式 3 种。

一般生产上使用按照被调节的绕出点张力变化分类。

稳定式自动拉紧装置不依赖输送机负载的变化和胶带与传动滚筒之间的摩擦系数，而使绕出端拉力在一定误差范围内保持恒定。

随动式自动拉紧装置使胶带在驱动滚筒上绕入点和绕出点的拉力比值保持稳定。

综合式拉紧装置在输送机启动时它的作用方式是随动的，而在输送机稳定运行时它的作用方式则是恒定的，胶带的张力几乎不会变化。

3. 固定式拉紧装置

固定式拉紧装置的滚筒在输送机运转过程中位置是固定的，其拉紧行程的调整有手动和电动两种形式，在短距离输送机中常用的螺栓拉紧装置就是其中的一种。它的特点是结构简单，工作可靠。缺点是输送机运行过程中由于胶带的弹性变形和塑性变形引起胶带张力降低，可能导致胶带在驱动滚筒上打滑。

九、清扫器

输送机在运行过程中，不可避免地有部分细块和粉块黏附在胶带上，当胶带通过卸料装置后不能完全卸干净，表面黏附有物料的胶带工作面通过回程托辊或导向滚筒时，物料的堆积使滚筒的直径变大，加剧托辊和胶带的磨损，引起胶带跑偏。因此，清扫黏附在胶带表面的物料，对于提高输送机胶带的使用寿命和保证输送机正常运行有重大意义。

清扫器按作用部位可分为头部清扫器和空段清扫器。

1. 头部清扫器

头部清扫器（见图 2-17）分为一级清扫器和二级清扫器，一级清扫器装在输送机头部滚筒前下分支输送带的工作面，二级清扫器垂直装置于边头部改向滚筒处，用以清扫输送机胶带工作面的物料。

2. 空段清扫器

空段清扫器（见图 2-18）装在尾部滚筒前下分支输送带的非工作面，或重锤拉紧装置入口改向滚筒处，用以清扫输送带非工作面的物料。空段清扫器常见的为一字清扫器和 V 形清扫器。

十、卸料器

带式输送机可以利用头部滚筒卸料，也可以在中间任意点利用犁式卸料器或卸料小车

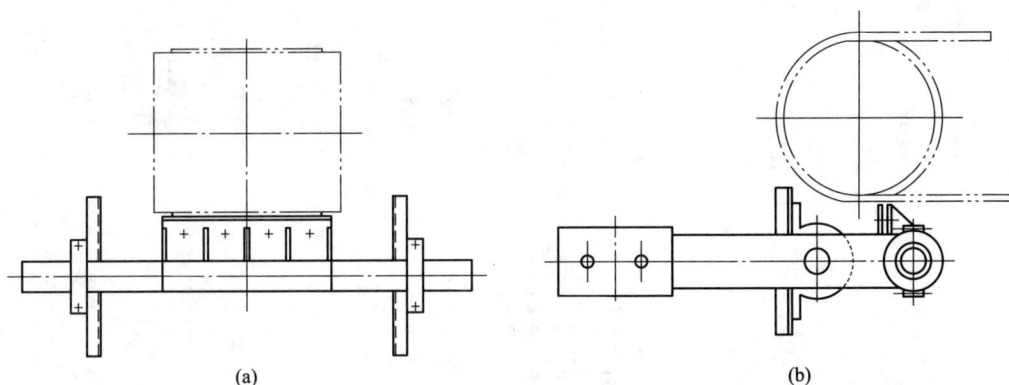

图 2-17　头部清扫器

（a）一级清扫器；（b）二级清扫器

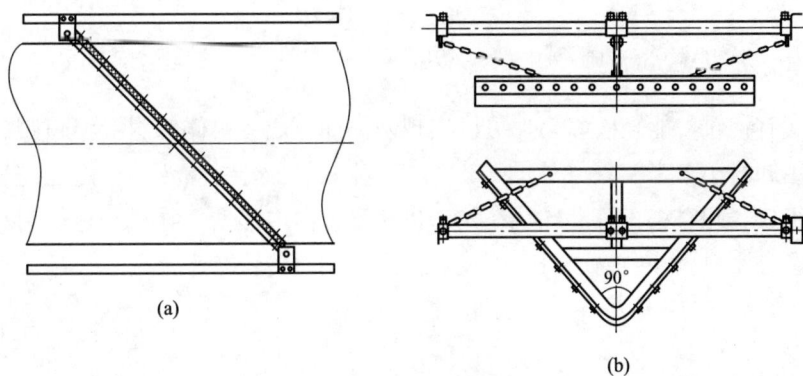

图 2-18　空段清扫器

（a）一字清扫器；（b）V 形清扫器图

卸料，目前犁式卸料器分为电动双侧犁式卸料器和电动单侧犁式卸料器两种。

1. 犁式卸料器

犁式卸料器（见图 2-19）由一台电液动推杆做动力源，由电控箱控制推杆前进、后退和停止动作，电液动推杆带动卸料器机械部分运动。

工作状态时，推杆伸出推动连杆机构，完成犁头下落，可变槽角托辊组放平、平行托辊组上抬，展平胶带带面，犁头下平面与胶带贴合严密，物料沿三角形犁头两侧运行至胶带边缘，落入两侧的漏斗中，从而完成卸料工作。漏斗的翻板安装有配重锤，配重锤保证翻板在卸料状态关闭，在卸料状态物料重量和冲击力大于配重时，翻板开启，物料沿胶带上的犁头两侧下落入漏斗，从而实现连续卸料。

当卸完物料进入备用状态时，电液动推杆缩回，使犁头上抬至额定高度，可变槽角托辊组由展平回位到槽型状态，平行托辊组下降离开胶带，胶带又恢复成输送物料时的槽型状态，使物料集中在胶带中间的下凹区域，从而保证物料平稳通过胶带。

2. 卸料小车

胶带输送机卸料小车属于卸料装置的一种，可以在输送机水平段任意点卸料，方便整

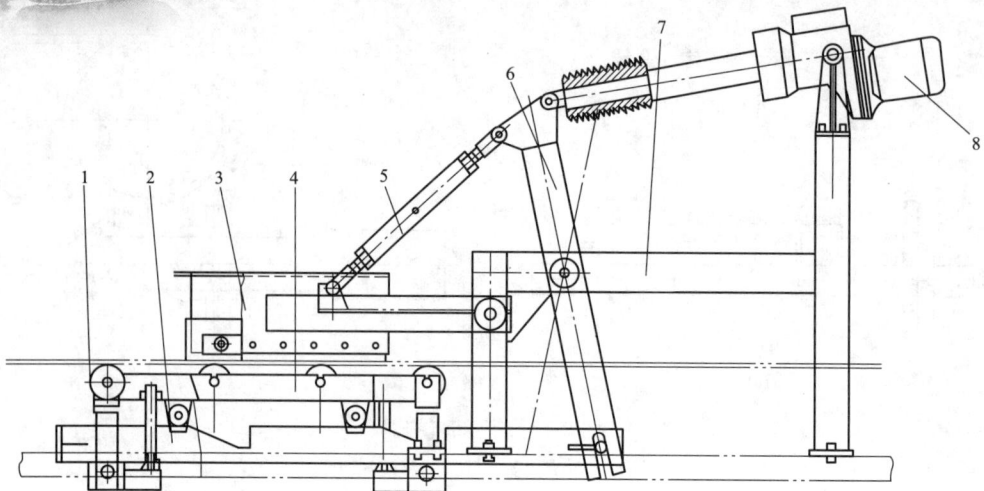

图 2-19　犁式卸料器

1—下部托架；2—滑动框架；3—卸料犁头；4—活动托辊组；5—撑杆；6—驱动连杆；7—机架；8—电液动推杆

体布料。因配有钢轨，能轻松移动，可以实现两侧卸料或者单侧卸料。港口带式输送机的
中间卸料常用卸料小车来实现（见图 2-20），卸料小车由受料漏斗、行走轮与轻轨、溜槽
卸料等部分组成，卸料小车可沿导轨在输送机长度方向内移动，物料经过卸料小车的上面
滚筒抛出，经过受料漏斗向输送机一侧或双侧进行物料传输。

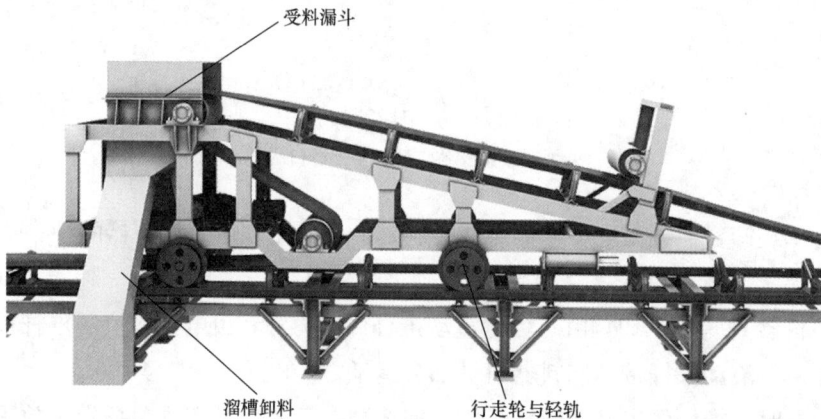

受料漏斗

溜槽卸料　　　　　　　　　　行走轮与轻轨

图 2-20　卸料小车

十一、机架

机架是用于支承滚筒及承受输送机胶带张力的装置。该系列机架采用了结构紧凑、刚
性好、强度高的三角形机架。

带式输送机机架（见图 2-21）主要有 4 种结构，典型布置方式可满足带宽 500～
1400mm、倾角 0°～18°，以及围包角小于或等于 190°～210°的胶带输送机。

（1）01 机架：用于 0°～18°倾角的头部传动及头部卸料滚筒。选用时应标注角度。

（2）02 机架：用于 0°～18°倾角的尾部改向滚筒及中间卸料的传动滚筒。

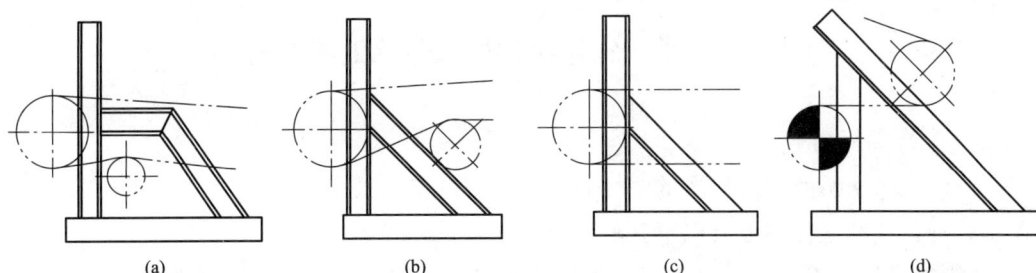

图 2-21　带式输送机架

(a) 01 机架；(b) 02 机架；(c) 03 机架；(d) 04 机架

（3）03 机架：用于 0°～18°倾角的头部探头滚筒或头部卸料传动滚筒，围包角小于或等于 180°。

（4）04 机架：用于传动滚筒设在下分支的机架。可用于单滚筒传动，也可用于双滚筒传动（两组机架配套使用）。围包角大于或等于 200°。

以上 4 种机架布置型式中 01、02 机架适于带宽 500～1400mm，03、04 机架适于带宽 800～1400mm。

十二、电气及安全保护装置

安全保护装置是在输送机工作中出现故障能进行监测和报警的设备，可使输送机系统安全生产，正常运行，预防机械部分的损坏，保护操作人员的安全。此外，还便于集中控制和提高自动化水平。

1. 电气保护装置

（1）电气及安全保护装置的设计、制造、运输及使用等要求，应符合有关国家标准或专业标准要求，如 IEC 439《低压开关设备和控制装置》、GB 4720《装有低压电器的电控设备》、GB 3797《装有电子器件的电控设备》。

（2）电气设备的保护：主回路要求有电压、电流仪表指示器，并有断路、短路、过电流（过载）、缺相、接地等项保护及声、光报警指示，指示器应灵敏、可靠。

2. 胶带安全保护监测装置

（1）胶带跑偏监测：一般安装在输送机头部、尾部、中间及需要监测的点。跑偏量达 5％带宽时发出信号并报警，跑偏量达 10％带宽时停机。

（2）打滑监测：用于监视传动滚筒和输送带之间的线速度之差。当线速度之差超过允许范围后能够报警、自动张紧输送带或正常停机。

（3）超速监测：一般用于下运工况。当带速达到规定带速的 115％～125％时，报警并紧急停机。

（4）紧急停机拉绳开关：拉绳开关沿输送机全长在机架的两侧每隔 60m 各安装一组开关，紧急状态下拉动开关，开关动作后自锁、报警、紧急停机。

（5）其他料仓堵塞信号、纵向撕裂信号及拉紧、制动信号、测温信号等，可根据需要进行选择。

第二节　带式输送机常见故障及处理方法

1. 胶带跑偏原因

（1）带式输送机的安装质量的好坏对胶带跑偏的影响最大，由安装误差引起的胶带跑偏最难处理，安装误差主要有以下几点。

1）输送带接头不平直：接头不平直造成胶带两边张力不均匀，胶带始终往张紧力大的一边跑偏。

2）机架歪斜：机架歪斜包括机架中心线歪斜和机架两边高低倾斜。

3）导料槽两侧的橡胶板压力不均匀：由于橡胶板压力不均匀，造成胶带两边运行阻力不一致，引起胶带跑偏。

（2）胶带运行中产生的跑偏。

1）滚筒、托辊粘料引起的跑偏：带式输送机在运行过程中由于外部因素影响，例如粉煤湿度大、清扫器损坏等，部分煤粉会粘在滚筒和托辊上，使得滚筒或托辊局部筒径变大，引起胶带两侧张紧力不均匀，造成胶带跑偏。

2）胶带松弛引起的跑偏。调整好的胶带在运行一段时间后，由于胶带拉伸产生永久变形或老化，会使胶带的张紧力下降，造成胶带松弛，引起胶带跑偏。

3）矿料分布不均匀引起的跑偏。如果胶带空转时不跑偏，重负荷运转就跑偏，说明矿料在胶带两边分布不均匀。矿料分布不均主要是矿料下落方向和位置不正确引起的，如果矿料偏到左侧，则胶带向右跑偏；反之亦然。

4）运行中振动引起的跑偏。带式输送机在运行时的机械振动是不可避免的，胶带运行速度越快，振动越大，造成的胶带跑偏也越大。在带式输送机中，托辊的径向跳动引起的振动对胶带跑偏影响最大。

（3）跑偏处理方法。针对带式输送机跑偏的原因，应采取相应的对策进行调整，对于安装误差引起的跑偏，首先要消除安装误差，胶带接头重接，对机架歪斜严重的必须重新安装；对运行中的跑偏，常见的调整方法有如下几条。

1）调整托辊组。带式输送机的胶带在整个带式输送机的中部跑偏时，可通过调整托辊组的位置来调整胶带跑偏，托辊支架两侧安装孔加工成长孔，就是方便进行调整的。具体方法是胶带偏向哪一侧，托辊组的哪一侧朝胶带运行方向前移，或另外一侧后移。胶带向下方向跑偏，则托辊组的上位处应当向左移动，托辊组的下位处向右移动。这种方法可消除由于机架歪斜、矿料分布不均及振动等引起的胶带跑偏。

2）安装自动调心托辊组。自动调心托辊组一般每隔6～10组托辊架安装一组，其工作原理是当胶带跑偏时，胶带边缘与立辊（或曲线盘摩擦片）相接触。由于立辊（或曲线盘托辊）是悬置于回转架上的，当立辊（或曲线盘摩擦片）受到胶带边缘的摩擦力时，给回转架一个回转力矩，使回转架回转一定角度，立辊（或曲线盘摩擦片）给胶带一个向另一个方向的摩擦力，从而使胶带恢复原位而达到自动调整胶带中心的目的。

3）应用胶带纠偏机来防止跑偏。胶带纠偏机分为机械纠偏和无源液控纠偏两类，对防止胶带跑偏均有很好作用，将其结构引入现有的带式输送机中运用，对防止胶带跑偏起到良好效果。

4）调整传动滚筒与改向滚筒位置。传动滚筒与改向滚筒的位置调整是胶带跑偏调整的重要环节。带式输送机至少有 2～5 个滚筒，所有滚筒的安装位置必须垂直于带式输送机长度方向的中心线，若偏斜过大必然发生跑偏。对于头部滚筒如胶带向滚筒的右侧跑偏，则右侧的轴承座应当向前移动；胶带向滚筒的左侧跑偏，则左侧的轴承座应当向前移动，相对应的也可将右侧轴承座后移或左侧轴承座后移。尾部滚筒的调整方法与头部滚筒刚好相反。

5）张紧处的调整。胶带张紧处的调整是带式输送机跑偏调整的一个非常重要的环节。重锤张紧处上部的两个改向滚筒除了应垂直于胶带长度方向以外还应垂直于重力垂线，即保证其轴中心线水平。使用螺旋张紧或液压油缸张紧时，张紧滚筒的两个轴承座应当同时平移，以保证滚筒轴线与胶带纵向方向垂直，具体的胶带跑偏的调整方法与滚筒处的调整类似。此方法可有效消除胶带松弛、机架歪斜引起的胶带跑偏。

6）双向运行带式输送机跑偏的调整。双向运行带式输送机胶带跑偏的调整比单向带式输送机跑偏的调整相对要困难许多，在具体调整时可采取先调整一个方向，然后再调整另外一个方向的办法。在调整时应仔细观察胶带运动方向与跑偏趋势的关系，逐个进行调整。重点放在传动滚筒和改向滚筒的调整上，其次是托辊的调整与物料的落料点的调整。在上下胶带均放置无源液控联动纠偏机也可取到良好效果。

2. 胶带打滑

胶带打滑也是一种常见的故障，造成这一故障的原因很多，针对不同的原因有不同的解决方法，下面将具体加以说明。

（1）重锤张紧带式输送机的打滑。使用重锤张紧装置的带式输送机在胶带打滑时可添加配重来解决，添加到胶带不打滑为止。但不应添加过多，以免使胶带承受不必要的过大张力而降低胶带的使用寿命。

（2）螺旋张紧或液压张紧带式输送机的打滑。使用螺旋张紧或液压张紧的带式输送机出现打滑时可调整张紧行程来增大张紧力。当张紧行程量不足，胶带出现了永久性变形时，可将胶带截去一段重新进行硫化。在使用尼龙带或强力胶带时要求张紧行程较长，当行程不够时可重新硫化截短输送带或加大张紧行程量。

3. 带式输送机撒料

带式输送机撒料是一个共性的问题，原因也是多方面的。根据撒料实际情况确定解决办法，加强日常的维护检修。

转载点处撒料主要是在落料斗、导料槽等处。如当带式输送机严重过载、带式输送机的导料槽挡料橡胶裙板损坏，导料槽导流钢板设计距胶带较远及橡胶裙板比较长时，物料在运输过程中冲出导料槽造成带式输送机撒料。可以通过控制运送能力，加强维护保养，解决撒料问题。

4. 异常噪声

带式输送机运行时其驱动装置、驱动滚筒、改向滚筒以及托辊组在不正常时会发出异常的噪声，根据异常噪声可判断设备的故障。

（1）托辊严重偏心时的噪声。带式输送机运行时托辊常会发生异常噪声，并伴有周期性的振动。尤其是回程托辊，其长度较大，自重大，噪声也比较大。发生噪声主要有两个原因：一是制造托辊的无缝钢管壁厚不均匀，产生的离心力较大；二是在加工时两端轴承孔中心与外圆圆心偏差较大，使离心力过大。一般在轴承不损坏并允许噪声存在的情况下可以继续使用。

（2）联轴器两轴不同心时的噪声。在驱动装置的高速端电动机与减速机之间的联轴器或带制动轮的联轴器处发出的异常噪声也伴有与电动机转动频率相同的振动。发生这种噪声时应及时对电动机和减速机的位置进行调整，以避免减速机输入轴断裂。

（3）改向滚筒与驱动滚筒的异常噪声。改向滚筒与驱动滚筒正常工作时噪声很小，发生异常噪声时一般是轴承损坏，轴承座处发出咯咯响声，此时需要更换轴承。

5. 减速机断轴

减速机断轴一般发生在减速机高速轴上。最常见的是减速机第一级为垂直伞齿轮轴的高速轴。发生断轴主要有两个原因。

（1）外在主要原因。

1）所选带式输送机的减速机的承载能力不够，即带式输送机的驱动减速机选择得过小，当减速机的实际使用功率超过减速机的承载能力后，在一定时间里导致带式输送机驱动减速机断轴。

2）在电动机轴和减速机轴之间通常安装液力耦合器和制动轮，当制动轮和液力耦合器的动平衡不好，偏心严重时会使带式输送机运行时产生很大的振动，导致减速机输出轴上的应力过大而断裂。

3）安装同心度的偏差过大。在安装电动机和减速机之间的液力耦合器和制动轮时，应当调整减速机和电动机轴之间的同心度，如果偏差过大也会发生耦合器和制动轮在运行时产生过大的振动而出现断轴现象。

4）减速机本身设计缺陷导致输入轴断轴。

（2）内在主要原因。

1）减速机设计时轴断裂处应力过大。

2）减速机输入轴处轴肩处未考虑过渡圆角的曲率半径和变化曲线，导致应力集中严重，发生疲劳破坏。

3）减速机为垂直轴形式，第一级输入轴为伞齿轮轴，在伞齿轮支承轴承处过渡轴肩处出现较严重的应力集中而发生疲劳破坏。

4）减速机为硬齿面减速机，减速机输入轴直径较细，虽然计算强度时通过，因轴本身很细，同样在轴直径变化处应力集中严重而发生疲劳破坏。

5）输入轴的热处理质量不合格；

6）输入轴的材料选用不当。

（3）避免和减少减速机轴断的方法和措施。

1）修改减速机的设计。

2）安装和维修时注意调整电动机和减速机的同心度，使其达到常规的要求。

3）能使用平行轴的减速机时最好不使用垂直轴的减速机。

4）选用减速机时考虑或计算减速机许可承受的径向载荷。

5）在选用电动机转速时应当尽可能地选择六极电动机，即同步转速为1000r/min的电动机作为驱动电动机，这样可以减少耦合器、制动轮在高速旋转时的振动，尤其对功率较大的带式输送机，如功率大于90kW的带式输送机最好选用低转速的电动机。

6）减少液力耦合器和制动轮的不平衡力矩。

第三节　带式输送机系统除尘设备

一、除尘器概述

煤炭在输煤系统输送过程中因各胶带转运中存在较大落差而产生大量煤尘，造成输煤系统环境污染，损害运行和检修人员身体健康，同时煤尘进入控制箱、配电柜后，容易造成电气元件腐蚀，特别是高挥发分煤粉积聚后，还会引起自燃或爆炸，因此，输煤系统中安装除尘设备非常必要。

输煤系统除尘设备一般布置在带式输送机尾部导料槽上。输煤系统常用的除尘器主要有多管冲击式除尘器、布袋除尘器、静电除尘器等。

（一）多管冲击式除尘器

1. 多管冲击式除尘器总体结构

多管冲击式除尘器（见图2-22）分为上、下箱体两大部分。上箱体包括进出风管、分配送风管、两道挡水板、喷头、离心风机等（Ⅰ型不包括离心风机）。下箱体包括泥浆斗、喷水管等。多管冲击式除尘器另外装有电动推杆、液位控制仪、电磁阀和U形压差计等。

2. 多管冲击式除尘器工作原理

多管冲击式除尘器工作原理：含尘气体由入口进入后，较大的粉尘颗粒被挡灰板1阻挡下落后被除掉，较小的粉尘颗粒随着气流一同进入联箱2，此时含尘气体经过送风管3，以较高的速度从喷头4处喷出，冲击液面撞击起大量的泡沫和水滴，对水层产生冲击后，其中大部分尘粒与水黏附后留在水中，剩余部分与大量冲击的水滴和泡沫混合在一起而被水捕集，以此达到净化空气的目的。净化后的空气在风机的作用下（图2-22中虚线箭头），通过第一挡水板5和第二挡水板6由出风口（或离心风机出风口）排出。净化后的气体中所含有的水滴由第一、第二挡水板除掉。含尘气体的整个除尘过程是负压状态下进行的，液面的高度由溢流器和水位控制仪11控制。净化气体用的水在使用一定的时间后，由于水中含有大量的粉尘而需要更换，更换水质时，由电动推杆10将排水口外的活塞提起，含有大量粉尘的污水经排水口排出，当污水基本排完后，水位控制仪控制设置在进水总管上的电磁阀9开启，水通过进水管由除尘器箱体下部的冲洗喷头8喷出，将箱体底部冲洗干净，然后电动推杆将活塞放下，排水口关闭；箱体内的水面上升；待水面上升到除尘所需高度时，水位控制仪控制电磁阀关闭，中断补水，箱体内多余的水由溢流管排出，

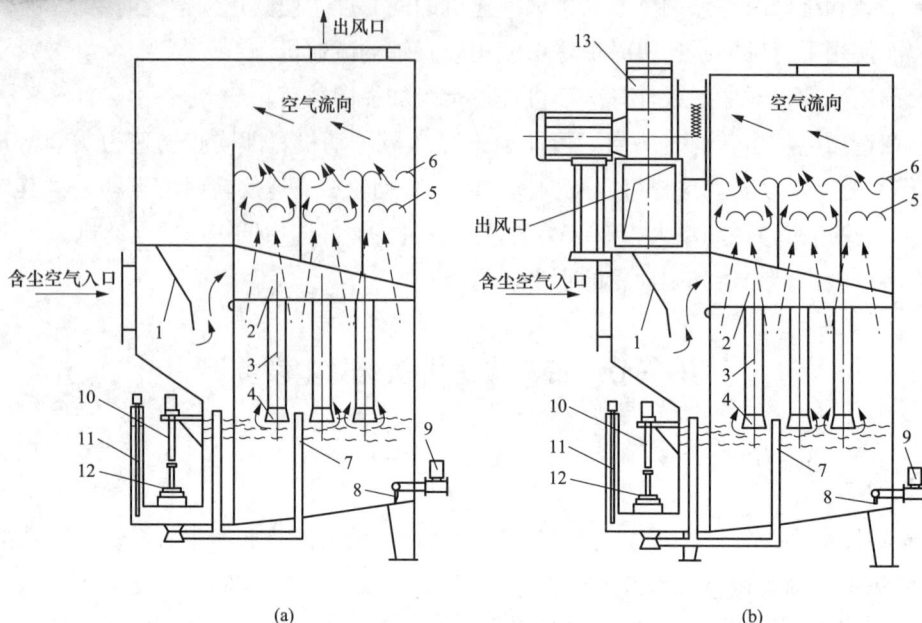

图 2-22　多管冲击式除尘器工作原理图

（a）Ⅰ型工作原理图；（b）Ⅱ型工作原理图

1—挡灰板；2—联箱；3—送风管；4—喷头；5—第一挡水板；6—第二挡水板；7—溢流管

8—冲洗喷头；9—电磁阀；10—电动推杆；11—水位控制仪；12—密封装置；13—离心风机

此时除尘器可进入工作状态。

3. 多管冲击式除尘器维护与保养

（1）除尘系统工作时，应保证通过机组的风量保持在额定风量左右，且尽量减少风量的波动。

（2）保证各检查人孔门的严密。

（3）定期地冲洗除尘器内部及自动控制装置中液位仪上电极杆上的积灰。

（4）在通入含尘气体时，不允许在水位不足的条件下运转，更不允许无水运转。

（5）保持自动控制装置的清洁，防止灰尘进入操作箱，发生自动无水运转。

（6）当出现过高、过低水位时，应及时查明原因，排除故障。

4. 一般故障及处理方法

多管冲击式除尘器的一般故障及处理方法如表 2-5 所示。

表 2-5　　　　　　　　　　一般故障及处理方法

故障现象	故 障 原 因	处 理 方 法
风量小	（1）风机接线接反。	（1）调换风机电源接线。
	（2）检修门关闭不严。	（2）关紧密封门。
	（3）水位偏高。	（3）调节（上移）电极杆。
	（4）除尘系统阻力偏大	（4）加大风机出口风压，减少系统阻力

故障现象	故障原因	处　理　方　法
净化效果差	(1) 水位偏低。 (2) 除尘器内工作水含尘浓度大。 (3) 检修门关闭不严。 (4) 除尘系统阻力偏大，风量减少	(1) 调节（上移）电极杆。 (2) 增加排污水次数。 (3) 关紧密封门。 (4) 加大风机的出口风压，减少系统阻力
充水量大	(1) 液压阀漏水。 (2) 电动推杆未压紧。 (3) 电磁阀失灵	(1) 更换液压阀内密封材料。 (2) 将点液压推杆接线盒内下限开关微量下移。 (3) 检修电磁阀

（二）布袋除尘器

1. 布袋除尘器总体结构

布袋除尘器结构主要由上箱体、喷吹清尘、压力计、中箱体、控制仪、下箱体、排尘系统等组成，如图 2-23 所示。

2. 布袋除尘器工作原理

（1）利用重力作用。当含尘气体进入布袋除尘器后，颗粒大、密度大的煤尘在重力作用下首先沉降下来。

（2）筛分作用。含尘气体通过滤布时，滤布纤维间的空隙或滤布表面粉尘间的空隙把大于空隙直径的粉尘分离下来，称为筛分作用。对于新滤布，由于纤维之间的空隙很大，这种效果不明显，除尘效率也低。只有在使用一定时间后，在滤袋表面建立了一定厚度的粉尘层，筛分作用才比较显著。清尘后，由于在滤袋表面以及内部还残留一定量的粉尘，所以仍能保持较好的除尘效率。

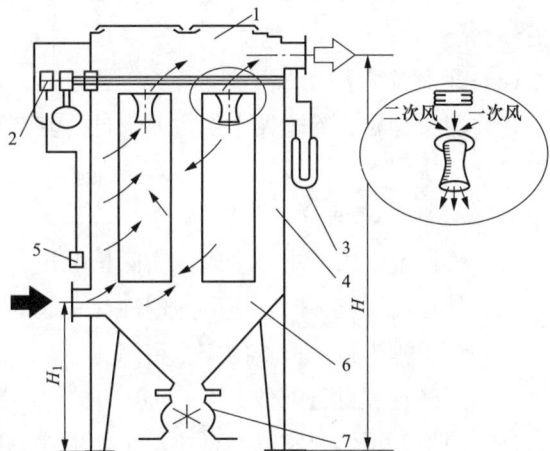

图 2-23　布袋除尘器示意图

1—上箱体；2—喷吹清尘；3—压力计；

4—中箱体；5—控制仪；6—下箱体；7—排尘系统

对于针刺毡或起绒滤布，由于针刺毡或起绒滤布本身存在厚实的多孔滤层，可以比较充分发挥筛分作用，不完全依靠粉尘层来保持较高的除尘效率。

（3）惯性作用。含尘气体通过滤布纤维时，直径较大的粉尘颗粒由于惯性作用仍保持直线运动撞击到纤维上而被捕集。粉尘颗粒直径越大，惯性作用越大。过滤气速越高，惯性作用也越大，但气速太高，通过滤布的气量也增大，气流会从滤布薄弱处穿破，造成除尘效率降低。气速越高，穿破现象越严重。

（4）扩散作用。当粉尘颗粒在 $0.2\mu m$ 以下时，由于粉尘极为细小而产生如气体分子热运动的布朗运动，增加了粉尘与滤布表面的接触机会，使粉尘被捕集。这种扩散作用与惯性作用相反，随着过滤气速的降低而增大，粉尘粒径的减小而增强。

（5）黏附作用。当含尘气体接近滤布时，细小的粉尘仍随气流一起运动，若粉尘的半径大于粉尘中心到滤布边缘的距离，粉尘则被滤布黏附而被捕集。滤布的空隙越小，这种黏附作用也越显著。

3. 布袋除尘器特点

（1）除尘效率高，特别是对微细粉尘有较高的除尘效率，一般可达 99％以上。

（2）适应性强，可以捕集不同粒径的粉尘。

（3）使用灵活，处理风量可由每小时数百立方米到数十万立方米。

（4）结构简单，可以因地制宜采用直接套袋的简易袋式除尘器，也可采用效率更高的脉冲清尘布袋除尘器。

（5）工作稳定，便于回收干料，没有污泥处理、腐蚀等问题，维护简单。

（6）应用范围受到滤布耐温、耐腐蚀性能的限制，特别是在耐高温性能方面，目前涤纶滤布适用于 120～130℃，而玻璃纤维滤布可适用于 250℃左右，若含尘气体温度更高时，可以采用造价高的特殊滤布，或者采取降温措施。

（7）不适宜黏结性强的粉尘，特别是当含尘气体温度低于露点时会产生结露现象，致使滤布堵塞。

（8）处理风量大时，占地面积大，造价高。

（9）滤布是布袋除尘器中的主要部件，其造价一般占设备费用的 10％～15％，滤布需定期更换，从而增加了设备的运行维护费用，劳动条件也差。

4. 布袋除尘器维护与保养

（1）根据说明书要求结合现场实际情况规定粉尘的清尘制度，定期清除粉尘。

（2）处理高温气体时，应防止因冷却引起的结露现象。

（3）粉尘排出口、检查门安全密闭。

（4）正确管理设备配件。

（5）根据使用情况和滤布材质，定期更换滤袋。

5. 布袋除尘器一般故障及处理方法

布袋除尘器的一般故障及处理方法见表 2-6。

表 2-6　　　　　　　　　布袋除尘器一般故障及处理方法

故障现象	故 障 原 因	处 理 方 法
滤袋磨损	（1）相邻滤袋间摩擦。 （2）滤袋与箱体摩擦。 （3）粉尘的磨蚀（滤袋下部滤布绒毛变薄）	（1）调整滤袋张力及结构。 （2）修补或更换已破损的滤袋
滤袋烧毁	（1）流入火种。 （2）粉尘发热	（1）消除火种。 （2）消除积灰、降温
滤袋脆化	（1）酸、碱或其他有机溶剂蒸汽腐蚀所致。 （2）其他腐蚀所致	进行防腐蚀处理

故障现象	故　障　原　因	处　理　方　法
滤袋堵塞	(1) 滤袋使用时间长。 (2) 处理气体中含有水分。 (3) 箱体有漏点，外部水流入并堵塞滤袋。 (4) 滤袋过滤风速过大。 (5) 清尘不良	(1) 定期更换滤袋。 (2) 查找原因并处理，减少气体中水分。 (3) 修补箱体，堵塞漏点。 (4) 根据过滤介质及滤料调整风速。 (5) 检查清尘机构，加强清尘
布袋阻力异常上升	(1) 反吹管道被粉尘堵塞。 (2) 换向阀密封不良。 (3) 气体温度变化而使清尘困难。 (4) 清尘机构发生故障。 (5) 粉尘湿度大，喷吹清尘不良。 (6) 清尘定时器时间设定有误。 (7) 汽缸用压缩空气压力降低。 (8) 灰斗内积存大量积灰。 (9) 滤袋堵塞。 (10) 换向阀门动作不良及漏风量大。 (11) 反吹阀门动作不良及漏风量大。 (12) 换向阀门与反吹阀门的计时不准确	(1) 清理疏通管道。 (2) 修复或更换换向阀。 (3) 控制气体温度。 (4) 检查并排除清尘机构故障。 (5) 控制粉尘湿度、清理、疏通。 (6) 整定定时器时间。 (7) 提高压缩空气压力。 (8) 检查、调整，清扫积灰。 (9) 查找原因，清除堵塞。 (10) 调整换向阀门动作，减少漏风量。 (11) 调整反吹阀门动作，减少漏风量。 (12) 调整计时时间
清尘不良	(1) 滤袋过于拉紧。 (2) 滤袋松弛，粉尘潮湿。 (3) 清尘中滤袋处于膨胀状态。 (4) 清尘机构发生故障。 (5) 清尘定时器时间设定值有误或发生故障。 (6) 反吹风量不足	(1) 调整滤袋张力（松弛）。 (2) 调整滤袋张力（拉紧）。 (3) 查找原因并处理。 (4) 检查、调整消尘机构并排除故障。 (5) 检查并整定时间设定值。 (6) 查找原因，加大反吹风量

（三）静电除尘器

1. 静电除尘器总体结构

静电除尘器主要由壳体、阳极系统、阴极系统、振打装置、灰斗、配套高压电源及控制系统等组成。

2. 静电除尘器工作原理

含有粉尘颗粒的气体，在接有高压直流电源的阴极板（又称电晕极）和接地的阳极板之间形成高压电场通过时，由于阴极发生电晕放电，气体被电离，此时，带负电的气体离子在电场力的作用下，向阳极板运动，在运动中与粉尘颗粒相碰，则使尘粒荷以负电，荷电后的尘粒在电场力的作用下，也向阳极运动，到达阳极板后，放出所带的电子，尘粒沉积于阳极板上，而得到净化的气体则排出防尘器外。

3. 高压静电除尘器维护与保养

（1）定期检查接地电阻是否符合规定要求。

（2）每周检查高压电线接头是否完好、电瓷进线棒和绝缘吊挂是否有积灰，定期清理，若有爬电或击穿情况，应及时更换绝缘件。

（3）定期检查振打和清尘装置，是否有断裂、疲劳裂纹，连接用的螺栓是否松动，传动部分是否运转自如，若有问题应及时修复。

（4）定期检查电晕线悬挂装置是否牢固、是否在内外筒体的中心位置，若有偏移应及时调整，并加以紧固。

（5）定期检查灰斗与卸灰阀，及时清尘，防止堵灰。

（6）定期检查与风机连接的电除尘器出口法兰螺栓是否松动，若有须调整并紧固。

4. 高压静电除尘器检修标准

（1）板排组合良好，无连接板脱开或脱掉情况，左右活动间隙能略微活动。

（2）支撑绝缘子无机械损伤及绝缘破坏情况。

（3）阴极板无松动、断线、脱落情况，电场异极距离适宜，阴极板放电性能良好。

（4）灰斗内壁无泄漏点，灰斗四角光滑，没有容易滞留尘粒的死角。

（5）灰斗不变形，支撑结构牢固，壳体内壁无泄漏、腐蚀，灰壁平直。

（6）人孔门不泄漏、安全标志完备，进、出喇叭无变形、泄漏、过度磨损。

（7）阀门及管路无泄漏。

（8）灰沟畅通，无杂物沉积、吸附。沟底完整，盖板齐全。

第四节　带式输送机除铁器设备

电厂燃煤中经常夹杂着各种不同形状、大小的金属物，这些金属若进入碎煤机或制粉系统中都将会造成设备损坏。同时，这些金属杂物在输送过程中若不能及时排除将会给采样机、给煤机等设备带来威胁，一旦纵向划伤输煤胶带，将给输煤系统造成重大经济损失。

目前，火力发电厂常用的除铁器为带式电磁除铁器和盘式电磁除铁器。

一、带式电磁除铁器

1. 带式电磁除铁器主要结构

带式电磁除铁器主要由吊装具、机架、除铁器本体、托辊、刮板、弃铁装置、减速电动机、从动滚筒、轴承调节装置、主动滚筒、护罩、链条等组成，如图2-24所示。

2. 带式电磁除铁器工作原理

当电磁铁线圈通入直流电源后，磁极间隙中便产生非均匀磁场。输送带的物料经过电磁铁下方时，混杂在物料中的铁磁性物质，在磁场力的作用下向电磁铁方向移动并被吸附到除铁器的胶带上，并随着胶带一同运转。当运行到无磁区时，铁块在重力作用下，随惯性抛出，从而达到除铁的目的，如图2-25所示。

3. 带式电磁除铁器检修质量标准

（1）各部件连接螺栓、螺母紧固，无松动。

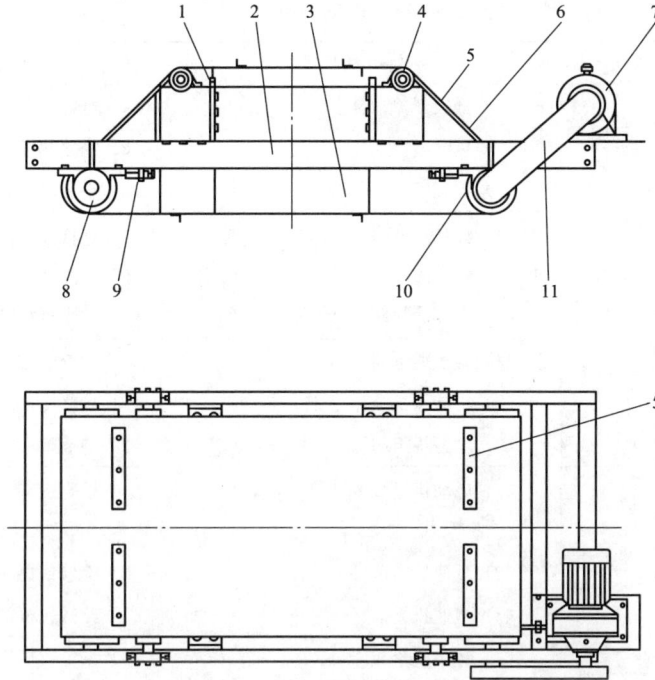

图 2-24　带式电磁除铁器结构

1—吊装具；2—机架；3—除铁器本体；4—托辊；5—刮板；6—弃铁装置；7—减速电动机；
8—从动滚筒；9—轴承调节装置；10—主动滚筒；11—护罩；12—链条

（2）各滚筒及托辊转动灵活。

（3）主动滚筒、改向滚筒的轴线应在同一平面内，滚筒中间横截面距机体中心面的距离误差不大于 1mm。

（4）改向滚筒张紧灵活，弃铁胶带无跑偏现象。

（5）减速机运转平稳、无异声、振动振幅小于或等于 0.05mm，工作时温度不高于 70℃，无漏油现象。

（6）弃铁胶带旋转方向正确，张紧适中。

（7）弃铁胶带无划伤、撕裂等现象。

4. 带式电磁除铁器常见故障

带式电磁除铁器的一般故障及处理方法见表 2-7。

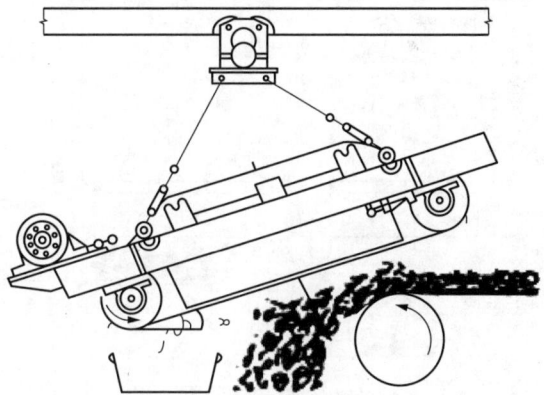

图 2-25　带式电磁除铁器工作图

二、盘式电磁除铁器

盘式电磁除铁器（见图 2-26）就是外形制作成圆盘装的电磁除铁器，有着较好的可塑性和较高的适应性，能适应更多工作环境。

表 2-7 一般故障及处理方法

故障现象	故障原因	处理方法
接通电源后启动除铁器不转动、无励磁	(1) 分段开关未合上。 (2) 热继电器动作未恢复。 (3) 控制回路熔断器熔断	(1) 合好分段开关。 (2) 恢复热继电器。 (3) 更换熔断器
接通电源后启动除铁器转动，但启动励磁后，自动控制开关跳闸	(1) 硅整流器击穿，电压表指示不正常。 (2) 直流侧断路，电流指示不正常	(1) 更换硅整流器。 (2) 检查直流励磁回路
接通电源启动除铁器转动，但无法启动励磁	(1) 温控继电器动作。 (2) 冷却风机故障。 (3) 励磁绕组超温	(1) 检查温控继电器。 (2) 检修冷却风机。 (3) 待绕组冷却后，恢复温控继电器
电动机、减速机温升高，声音异常	(1) 电动机过载或轴承损坏。 (2) 减速机内部件损坏。 (3) 减速机无油	(1) 检查胶带是否被杂物卡住，更换轴承。 (2) 检修或更换减速机。 (3) 给减速机加油至正常油位
接通电源启动后除铁器胶带不转动	(1) 链条脱落或断裂。 (2) 减速机断轴或损坏。 (3) 胶带安装张紧度不足	(1) 恢复或更换链条。 (2) 检修或更换减速机。 (3) 调整胶带张紧度

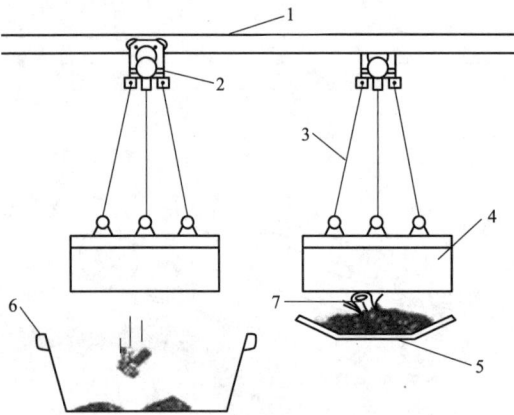

图 2-26 盘式除铁器

1—轨道；2—行走小车；3—钢丝绳；4—盘式电磁铁；
5—输送带；6—集铁箱；7—煤中铁块

盘式电磁除铁器是用于清除粉状或块状非磁性物料中杂铁的除铁装置，一般安装于胶带输送机的头部或中部，盘式电磁除铁器广泛应用于食品、电力、矿山、冶金、建材、选煤、化工等部门，用于破碎机前及输送机胶带上的任何物料中除铁。

盘式电磁除铁器内部采用电工专用树脂浇注，自冷式全密封结构。具有透磁深度大、吸力强、防尘、防雨、耐腐蚀等特点，在极其恶劣的环境中仍能可靠运行。

1. 盘式电磁除铁器结构原理

盘式电磁除铁器主要由壳体、电磁线圈、铁芯、磁极填充材料、接线盒等组成。工作原理：除铁器接通电源后，励磁系统产生强大的磁场，当输送机械上的散状物料经过除铁器下方时，混杂在物料中的铁磁性杂物，在除铁器磁场力作用下被不断吸起（铁磁性杂物质量为 0.1～25kg），吸附在除铁器下表面上，当需要除去吸附在除铁器上的铁磁性杂物时，可将除铁器移至集铁箱上方，或通过行走小车（自卸式盘式电磁除铁器配置）移至集铁箱上方，切断励磁电源，除铁器磁场消失，铁磁性杂物在重力作用下掉入集铁箱中。

盘式电磁除铁器本体磁路设计合理，磁场强度高、透磁深度大，故适合料层较厚的场合除铁。又因为采用全密封结构，制造过程中经真空干燥等特殊工艺处理，所以能有效地防止粉尘和有害气体对线圈的侵蚀，对环境和气候的适应性强，使用寿命长。

2. 盘式电磁除铁器技术特点

（1）磁路采用计算机模拟设计，透磁深度大、磁力强。

（2）内部采用电工专用树脂浇注、自冷式全密封结构，防尘、防雨、耐腐蚀。

（3）自动卸铁、维护简便、滚筒腰鼓形结构，具备胶带自动纠偏功能，特制全密封轴承座，可实现长期无故障运行。

（4）产品配套性好，整流设备功能齐全，具有手动和集控功能，能满足多种场合的使用要求。

（5）可有效吸除混杂在非磁性物料中 0.1～25kg 的铁磁性物质。

3. 盘式电磁除铁器常见故障

盘式电磁除铁器的一般故障及处理方法见表 2-8。

表 2-8　　　　　　　　　　　　一般故障及处理方法

故障现象	故 障 原 因	处 理 方 法
操作时断路器跳闸	（1）主交流接触器粘连 （2）整流元件击穿短路	（1）更换触点或元件 （2）更换整流元件
除铁器不励磁	（1）励磁回路断线 （2）交流接触器损坏	（1）检查励磁回路 （2）更换交流接触器
仪表、指示灯无显示	（1）仪表、灯损坏 （2）连线断	（1）更换损坏的仪表、灯 （2）检查连线
行走电动机不能移动	（1）热过载继电器跳 （2）热过载继电器损坏 （3）行走电动机故障 （4）交流接触器损坏	（1）复位热过载继电器 （2）更换热过载继电器 （3）检查行车电动机并处理故障 （4）更换交流接触器

思考题

1. 简述输煤带式输送机的作用。

2. 棉织物芯胶带和钢绳芯胶带的主要构成有哪些？

3. 输煤系统中清扫器的作用是什么？

4. 多管冲击式除尘器净化效果差的主要原因及处理措施有哪些？

第三章

斗 轮 堆 取 料 机

第一节　斗轮堆取料机概述

斗轮堆取料机是现代化工业大宗散状物料连续装卸的高效设备，目前已经广泛应用于港口、码头、冶金、水泥、钢铁厂、焦化厂、储煤厂、发电厂等散料（矿石、煤、焦碳、砂石）存储料场的堆取作业。斗轮堆取料机是在我国 20 世纪 60 年代发展起来的新型煤场设备。自 1965 年以来，我国先后设计了 DQ5030 型、DQ4022 型、DQ8030 型、MDQ15050 型、MDQ30060 型及 DQ2400/3000.35 型等多种型式的斗轮堆取料机。其中型号前字母 M/D/Q 分别是"门式""堆""取"拼音字母的简写，最后两位数字表示该斗轮取料机的回转半径。例如：DQ8030 型"80"表示该机每小时连续取料 800t，"30"表示该机的回转半径为 30m。

一、斗轮堆取料机工作原理

斗轮堆取料机是利用料斗连续取料，用机上的带式输送机连续堆料的有轨式装卸机械。它是散状物料（散料）储料场内的专用机械，是在斗轮挖掘机的基础上演变而来的，可与卸车（船）机、带式输送机、装船（车）机组成储料场运输机械化系统，可根据需要进行设计堆取料能力。

斗轮堆取料机堆料作业时先升起活动梁至堆料位置，并使斗轮停在远离尾车的立柱侧。开动伸缩机构，使尾车向驱动台车靠拢，此时尾车上的皮带输送机的头部对准斜升皮带输送机的收料斗。启动尾车及门架横梁的皮带输送机，向煤场堆煤，当行车位置的煤场堆到规定高度时，大车前进一段距离，再继续堆煤。取料作业时反之，利用料斗转动将原煤场上的物料挖起，经过卸料卸到悬臂输送机胶带上，悬臂输送机将物料送至堆取料机的中心料斗，卸到地面输送机上，完成取料过程。

二、斗轮堆取料机主要技术参数

（1）堆、取料能力：是指斗轮堆取料机每小时堆取物料的数量，单位为 t/h。

（2）物料：是指所堆取的物料种类，如煤、矿石、焦炭、砂石等。

（3）堆取料高度：分为轨上和轨下堆取料高度，单位为 m。

（4）料斗直径：料斗直径越大则取料能力越高，单位为 m。

（5）回转半径：是指斗轮堆取料机堆取料范围。

（6）回转角度：是指悬臂可回转的角度。

（7）行走速度：是指斗轮堆取料机大车行走机构每分钟行走的距离，单位为 m/min。

（8）带宽带速：是指输送带的宽带（单位为 mm）和运行速度（单位为 m/min）。

（9）轨道中心距：是指两条行走轨道中心距离，单位为 m。

（10）轮压单位：kW。

（11）总功率单位：kW。

（12）整机质量单位：t。

第二节　斗轮堆取料机结构

斗轮堆取料机（见图 3-1）主要由主尾车机构、悬臂带式输送机、行走机构、斗轮机构、回转传动机构、俯仰液压机构等组成。

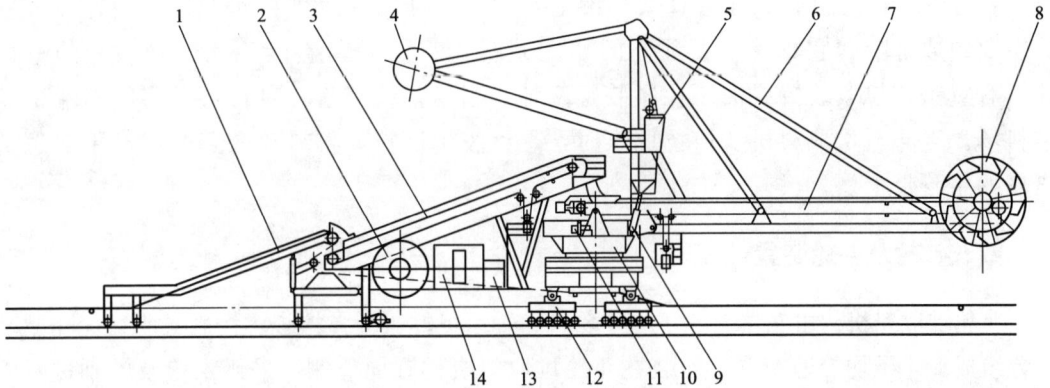

图 3-1　斗轮堆取料机

1—副尾车机构；2—卷缆机构；3—主尾车机构；4—配重块；5—驾驶室；6—拉杆机构；7—悬臂带式输送机；
8—斗轮机构；9—俯仰液压机构；10—回转大轴承；11—回转传动机构；12—行走机构；13—水箱；14—配电室

一、金属构架

金属构架由门柱、门座架、臂架、转盘和行走装置等组成。

（1）门柱由箱形钢板焊接而成，它的前部装有悬臂架，后部装有配重箱架，其间采用铰接。

（2）门座架为 4 支腿门架结构。门座架的 4 支腿分别与驱动台车和从动台车连接，下面装有行走车轮，驱动装置驱动主动车轮带动从动车轮行走。门座架上左侧和右侧分别有平台，支腿与平台连接成为一体。

（3）臂架为三角形结构，与门柱铰接。臂架上布置悬臂输送机结构。

（4）转盘是连接回转轴承下方门座架行走机构和门柱、臂架、配重箱架构的大型钢结构件，为圆形结构。

二、进料带式输送机

进料带式输送机位于斗轮堆取料机的后部，由两条交叉胶带组成，其中一条胶带（尾车胶带）头部向着斗轮堆取料机中心，斜方向布置，由驱动装置驱动；另一条胶带顺着轨道方向布置，也就是布置在煤场的主带式输送机。尾车胶带的拉紧一般采用配重或者是丝杠拉紧装置调整胶带松紧，主带式输送机拉紧一般采用车式拉紧装置调节胶带松紧，为了防止胶带跑偏，在胶带上装有调偏托辊装置。

斗轮堆取料机进料胶带位于副尾车上，该胶带是煤场主带式输送机通过两组液压缸的作用，完成俯仰动作，获得斗轮堆取料机取堆料时所需要的位置。

三、悬臂带式输送机

悬臂带式输送机安装在悬臂梁构架上，为斗轮堆取料机堆料作业及取料作业装置的主要组成部分，它具有一套独立的驱动系统，其拉紧装置位于悬臂和门柱的铰接处，有重锤式拉紧装置或液压拉紧装置两种，当悬臂胶带正转时，可以将物料输送到堆料场。当斗轮堆取料机从煤场取煤时，悬臂胶带反转，将料斗取到的煤经中部送到煤场的主胶带上。

四、斗轮及斗轮装置

斗轮堆取料机构由轮体、斗子、斗轮轴、轴承组件、圆弧挡板、溜料导料、轮斗驱动装置组成。斗子均匀地布置、安装在斗轮堆取料机构圆周外侧，采用螺栓及销轴进行固定，在斗口处装有可拆卸铁磁性耐磨斗齿，斗刃处有由耐磨堆焊焊条焊接的耐磨保护层，增加斗子的耐磨性。斗轮驱动装置由电动机、减速机、耦合器、轮斗轴及轴承座等组成。减速机与斗轮轴一般采用空心套插接锁紧套锁紧，此种连接检修难度大、不易拆卸。现有的斗轮堆取料机也有采用花键连接，此种连接拆卸方便，易于检修。斗轮与斗轮轴连接一般采用两胀套连接，斗轮置于悬臂梁的一侧，借助溜煤板将斗轮旋转工作时挖取的物料连续不断地供给悬臂胶带输送机，通过煤场主胶带，送往输煤系统。

五、悬臂俯仰机构

悬臂俯仰机构为液压俯仰形式。采用两个双作用油缸，油缸两端分别用铰轴、转盘及门柱连接，通过油缸的伸缩实现上部金属结构的俯仰。

俯仰液压装置主要由俯仰液压站、液压缸、管路、管接头、密封圈等组成。俯仰液压站由电动机、液压泵、电磁控制阀、滤油器、溢流阀、液控单向阀、闸阀、管路、管接头、密封圈、压力表、液位液温计、放油阀等组成。由液压缸的伸缩来完成变幅。液压系统能保证两油缸同步工作，使整机俯仰系统安全、平稳、可靠地工作。液压泵站进行泵的启动、加载、卸荷（超压保护）控制，系统的压力、流量可在允许范围内任意调节。在环境温度过低时，可对液压油进行加温，当超温、超压及滤油器堵塞时，可提供报警信号，从而实现超载保护。变幅油缸可以在任意位置停留及保持。

六、回转机构

回转机构主要由回转驱动装置、回转轴承、座圈、法兰、齿轮、齿轮罩、紧固件等组成。回转驱动装置由电动机、减速器、制动器、限矩联轴器、机座、罩子等组成，回转机构安装在门座和转盘之间。下座圈下部固定在门座上，下座圈上部与带外齿的轴承外圈相连，上座圈上部支撑转盘，上座圈下部与轴承内圈相连。回转驱动装置安装在转盘尾部，减速器输出轴上的驱动齿轮与轴承的外齿相啮合，通过电动机的动力传动，实现转盘相对于门座的回转。进而完成主机的回转功能。

七、行走机构

行走机构主要由主动台车组、单轮从动台车组、夹轨器（液压弹簧式）、锚定装置、钢轨清扫器、缓冲器、销轴、卡板、铰座等组成。其中主动台车组主要由主动台车架、减速机、车轮组中间轴、齿轮箱等组成。行走机构安装在门座支腿下部。驱动车轮占总轮数的2/3，所有车轮的规格都完全相同，均为双轮缘。所有齿轮传动均为闭式结构，油脂润滑。行走机构采用变频调速，可实现变速行走，通常取工作速度为7.5m/min，调车速度为30m/min。

八、中部料斗

中部料斗安装在主机回转中心上，上接堆料工况时尾车头部落料斗及悬臂带式输送机尾部，下接取料工况时缓冲托架。主要由落料斗、支架、导料槽、料斗、挡煤装置、分流装置（下部三通落料斗）等组成。

堆料上部落料斗上接尾车头部落料斗的来料，取料时，来料经下部三通煤斗并由分流挡板控制物料流向，可任意送至两台系统带式输送机中的其中一条。

九、操作室

操作室是斗轮堆取料机的中枢，机构的每一动作，均由运行人员在操作室控制，操作室与立柱相固定，由操作台、操作仪表、控制设备及配电屏等组成。控制室应视野开阔，有良好的采光，并配有空气调节器，使操作者有一个良好的工作条件，操作室配有电话，用于主控制室联系启停的操作。

十、限位装置

限位装置由臂架防撞装置、回转角度极限限位及回转变幅系统限位、大车行走终端限位、臂架俯仰极限限位等组成。

（1）臂架防撞装置采用拉绳开关，分别布置在前臂架中前部的两边，共计两个。当前臂架在运行过程中，钢丝绳碰到煤堆或其他障碍物时，开关动作并发出信号，同时切断回转电动机电源和行走电动机电源。防止前臂架碰撞障碍物。

（2）回转角度及回转变幅限位采用行程开关，回转角度限位开关布置在转盘与门座之间，控制设备在堆、取料工况或跨系统时，斗轮前臂架的回转范围，回转变幅限位开关布置在门柱与转盘之间，控制设备在跨系统回转时其变幅范围。

（3）大车行走终端限位采用限位开关，布置在行走机构的从动台车组上，控制设备大车行走范围。

（4）臂架俯仰极限限位开关布置在转盘与门座之间，控制设备的斗轮臂架的俯仰极限范围。

十一、集中润滑装置

集中润滑装置一般包括斗轮集中润滑装置、行走集中润滑装置、俯仰及变幅铰点集中润滑和回转集中润滑装置。也可根据实际需要改变安装位置。

斗轮集中润滑装置安装在前臂架的头部，润滑斗轮堆取料机构的两个轴承座。

行走集中润滑装置安装在行走台车架上，润滑车轮轴上的轴承和主动台车中间轴轴承。俯仰及变幅铰点集中润滑安装在转盘上，润滑主机俯仰油缸与变幅铰点。

回转集中润滑装置安装在门座平台上，润滑回转机构中大轴承。

俯仰、行走、回转集中润滑装置由电动干油泵、配油阀、管路及附件组成。配油阀采用逐点循环润滑方式，每个循环润滑一点，直到所有点全部润滑。斗轮集中润滑装置由手动干油泵、管路及附件组成，采用两润滑点管路同时加压打油润滑。

第三节　斗轮堆取料机检修维护标准

斗轮堆取料机安装完毕，在进行各种试验并投产运行后，应按规定进行各种保养维护工作，使其保持持续生产能力。

斗轮堆取料机的每班维护保养见表 3-1。

表 3-1　　　　　　　　　　斗轮堆取料机的每班维护保养

序号	检查项目	检查技术标准
1	轨道的检查	发现路基下沉，轨距明显变化，应及时消除
2	检查轨道的接地线	轨道接地线应牢固、可靠，保证导电良好
3	清除机器上的灰尘和散漏物料	机器开动前应将平台上、走道上、物料转运点及各传动机构处的灰尘和散落物料清除干净，操纵台和司机室玻璃擦干净
4	检查斗轮、皮带机、回转、走行等机构减速箱的油面	发现油量不足，应及时加注新油
5	检查臂架带式输送机的各种托辊、改向滚筒、驱动滚筒	发现卡死或运转不灵应及时更换，若皮带跑偏应及时调正
6	检查回转、俯仰、走行各机构的极限位置开关	各限位开关应动作灵敏，保证运行安全
7	检查回转、走行、皮带机的制动器	各制动器应动作可靠，保证制动效果
8	检查俯仰机构	按俯仰机构使用说明书要求进行

斗轮堆取料机的每月维护保养见表 3-2。

表 3-2 　　　　　　　　　　　斗轮堆取料机的每月维护保养

序号	检查项目	检查技术标准
1	调整各个制动器的间隙和制动力	制动轮与制动闸的正常间隙为 0.5～0.7mm，制动时制动闸接触良好，动作灵活、可靠，根据制动要求重新调整制动力
2	检查料场两端限制机器行走出轨的限位开关	先用手触动限位开关，看动作是否灵敏，然后机器以慢速走行触动限位开关，使机器停止运行
3	检查皮带机清扫装置和挡料板	调整或更换清扫装置和挡料板的橡皮，使其与皮带接触良好，保证起到清扫和挡料的作用
4	检查斗轮部分卸料板和圆弧挡板的耐磨衬板及斗齿	调整斗子底部与圆弧挡板之间的间隙至 5～7mm，更换磨穿的衬板，斗齿磨损后换新斗齿
5	检查各润滑点	检查各润滑点，保证油路畅通，并加注新油，交叉圆柱滚子轴承应半月注一次，眼睛能看见旧油从缝隙中挤出，则为加油合适
6	检查各配电箱和有关电气元件	清除配电箱内外积尘，检修和调整电气元件，使其接触良好，工作可靠
7	检查紧固连接零件	所有螺栓应固紧
8	检查俯仰机构	按俯仰机构使用说明书要求进行

斗轮堆取料机的每年维护保养见表 3-3。

表 3-3 　　　　　　　　　　　斗轮堆取料机的每年维护保养

序号	检查项目	检查技术标准
1	检修全部电动机	拆卸电动机端盖、清除定子和转子的灰尘，检测绝缘情况，滚动轴承更换新润滑脂
2	检查导线情况	对全机导线和通信线路进行整理，各导线端标号如有损坏应补齐；检查绕回转中心走线的电缆是否损坏，必要时应更换；电缆卷筒、集电环应进行检修
3	清洗各减速箱（可结合季节换润滑油进行）	将全部减速箱中脏油放尽，按量加入清洗油，开动电动机运转 4～6min 后放掉清洗油，再重新加注新润滑油
4	检修所有的改向滚筒和驱动滚筒	没有进行集中润滑的滚筒轴承，应更换新油，驱动滚筒的铸胶如有损坏应及时修补或更换新滚筒
5	检修俯仰机构	按俯仰机构使用说明书要求进行
6	检修夹轨钳和锚定装置	检查其可靠性，对上下限位开关进行调整，以确保动作安全可靠
7	检查全部金属结构件	清扫全部结构件上的灰尘，清除锈蚀、补涂油漆。连接立柱的高强度螺栓应重新用力矩扳手拧紧，并使扭矩达到要求。2～3 年结构件应全部涂油漆一次，要求涂防锈底漆和面漆各两遍

斗轮堆取料机维护保养包括了项目周期时间，并将其缩写成 D（每日）、W（每周）和 M（每月），这些缩写也用于表 3-4 中。

表 3-4 斗轮堆取料机保养周期时间

保养周期	保养次数	工时数（工时）
D	每日/每次启动之前	16
W	每周	约 100
M1	每月	约 400
M3	每 3 个月（每季度）	约 1200
M6	每 6 个月（每半年）	约 2500
M12	每 12 个月（每年）	约 5000

相应的检查/保养工作的执行时间是以首先到期的保养周期为准，例如，走行减速机应在下列的时刻更换机油：

（1）已到 1200 工时左右，即使未满 3 个月。

（2）已超过 1 年（12 个月），即使设备尚未达到 5000 工时。

上述规定的保养周期（保养次数和工时数）是根据工况制订的。然而，保养工作的次数取决于作业现场所存在的主要情况，例如：作业时间、作业条件、磨损情况等相关因素的影响。

因此，取料机作业条件应予以注意。如果需要时，检查和保养工作的时间周期应适时地缩短或延长。

斗轮堆取料机各部件检查保养周期见表 3-5。

表 3-5 斗轮堆取料机各部件保养周期

部 件 名 称	保 养 周 期					
要执行的检查/保养工作	D	W	M1	M3	M6	M12
通用						
检查检测和安全设备（更换有问题的开关、探头、启动器）	•	•	•	•	•	•
检查电缆的连接和安装			•	•	•	•
检查螺栓连接（必要时，应以相应的力矩把紧）			•	•	•	•
检查液压和润滑管路的泄漏情况	•		•	•	•	•
走行装置						
驱动装置						
检查异常噪声（如有规定，也包括轴承）	•	•	•	•	•	•
检查制动器功能（必要时，重新调整）			•	•	•	•
检查制动器耐磨衬层的状况（必要时更换）			•	•	•	•
检查油迹（必要时更换密封件）	•	•	•	•	•	•
检查油位（玻璃液位计、油标尺；必要时加油，分别更换机油）			•	•	•	•
走行轮						
检查异常噪声、卡滞或滑动（重新润滑轴承，更换有问题的部件）				•	•	•

部　件　名　称	保　养　周　期					
要执行的检查/保养工作	D	W	M1	M3	M6	M12
检查磨损情况（必要时更换清扫元件）			•	•	•	•
轨道清扫器						
检查清扫元件的状态（必要时更换清扫元件）		•	•	•	•	•
轨道						
检查轨道状况（必要时修正找正或更换轨道）			•	•	•	•
夹轨器						
检查功能（必要时更换夹紧件并进行功能试验）	•	•	•	•	•	•
终端止挡						
检查状况（必要时更换终端止挡）			•	•	•	•
回转装置						
电动机						
检查异常噪声（必要时更换轴承）			•	•	•	•
安全联轴器						
检查挠性元件（必要时更换）			•	•	•	•
检查找正情况（必要时进行修正）			•	•	•	•
制动器						
检查功能（必要时重调）		•	•	•	•	•
检查制动器耐磨衬层的状况（必要时更换）		•	•	•	•	•
小齿轮						
检查磨损状况（涂抹润滑油）		•	•	•	•	•
减速机						
检查异常噪声（必要时更换有问题的轴承）	•	•	•	•	•	•
检查油迹（必要时更换密封件）	•	•	•	•	•	•
检查油位（液位计；必要时加油，分别更换机油）		•	•	•	•	•
回转支撑						
检查异常噪声（必要时更换有问题的部件）	•	•	•	•	•	•
检查紧固螺栓的把紧力矩			•	•	•	•
检查大齿圈磨损状况（涂抹润滑油）			•	•	•	•
俯仰装置						
配重臂铰接点						
检查异常噪声			•	•	•	•
液压设备						
液压系统（升降装置）			•	•	•	•
电动机						
检查异常噪声（必要时润滑轴承）			•	•	•	•
挠性联轴器						

续表

部 件 名 称	保 养 周 期					
要执行的检查/保养工作	D	W	M1	M3	M6	M12
检查挠性元件（必要时更换）			•	•	•	•
检查找正（必要时修正）			•	•	•	•
泵						
检查异常噪声（必要时润滑轴承，更换有问题的轴承）			•	•	•	•
检查工作压力（必要时更换有问题的油泵）		•	•	•	•	•
油箱						
检查油位（必要时补充工作液）			•	•	•	•
检查滤芯（必要时清洗污秽的滤芯，更换有问题的滤芯）						
工作液						
检查油的状况（暗黑、混浊、黏稠时进行换油）				•	•	•
阀组						
检查油迹（必要时更换密封件）			•	•	•	•
减压阀						
检查油迹（必要时更换密封件）			•	•	•	•
检查工作压力（必要时修正工作压力）		•				•
均衡电磁阀						
检查油迹（必要时更换密封件）			•	•	•	•
滤油器						
检查状况（必要时更换滤油器）			•	•	•	•
管路/管夹						
检查油迹（必要时更换有问题的管件）			•	•	•	•
软管						
检查油迹（必要时更换软管；最长5年更换）			•	•	•	•
回转支撑						
检查异常噪声（必要时更换有问题的部件）	•	•	•	•	•	•
检查紧固螺栓的把紧力矩						
检查大齿圈磨损状况（涂抹润滑油）			•	•	•	•
液压缸						
检查油迹（必要时更换密封件）			•	•	•	•
带式输送机						
电动机						
检查异常噪声（必要时润滑轴承）				•	•	•
减速机						
检查异常噪声（必要时更换有问题的轴承）	•	•	•	•	•	•
检查油迹（必要时更换密封件）	•	•	•	•	•	•
检查油位（玻璃液位计/油标尺，必要时加油或分别更换机油）		•	•	•	•	•

部 件 名 称	保 养 周 期					
要执行的检查/保养工作	D	W	M1	M3	M6	M12
制动器						
检查护罩的安装情况			•	•	•	•
检查功能（必要时重调）		•	•	•	•	•
检查制动器耐磨衬的状况（必要时更换）		•	•	•	•	•
胶带张紧装置						
检查张紧找正			•	•	•	•
检查胶带张紧度（必要时张紧胶带，或如果张紧距离不够时，缩短胶带）			•	•	•	•
滚筒						
检查异常噪声（必要时润滑轴承或更换有问题的轴承）			•	•	•	•
检查橡胶套（必要时更换）						•
除掉物料结壳	•	•	•	•	•	•
托辊						
检查异常噪声（必要时更换有问题的托辊）			•	•	•	•
检查缓冲环/托盘（必要时更换）			•	•	•	•
除掉物料结壳	•	•	•	•	•	•
胶带						
检查直行情况（必要时修正）	•	•	•	•	•	•
检查表面和边缘的磨损痕迹及损伤（必要时修理损伤处）						•
检查胶带张紧度（必要时张紧胶带或如果张紧不够时，应缩短胶带）			•	•	•	•
防跑偏装置						
检查与胶带的正确贴近情况（必要时重调）			•	•	•	•
检查直行情况（必要时修正）	•	•	•	•	•	•
胶带清扫器						
检查清扫元件的状况（必要时更换元件）			•	•	•	•
检查与胶带的正确贴近情况（必要时重调）	•	•	•	•	•	•
溜槽						
检查状况（更换被磨损的耐磨板，耐磨衬板的最小厚度为3mm，清除堵塞的物料）			•	•	•	•
检查密封情况（必要时重调或更换密封件）			•	•	•	•
落料缓冲托辊						
检查异常噪声（必要时更换有问题的托辊）			•	•	•	•
检查缓冲环/托盘（必要时更换）			•	•	•	•
除掉物料结壳	•	•	•	•	•	•

注 •表明较长的保养周期总会包含着较短的保养周期。换言之，凡表3-5内采用黑体圆点表明每周、每月、每3个月、每6个月和每12个月的保养例行工作周期时包括每日的保养工作。

斗轮堆取料机上各转动部位均有相应的润滑设施，斗轮机构、俯仰机构、回转机构、走行机构分别采用电动集中润滑，其他部分采用手动分散润滑。斗轮取料机润滑点如表3-6所示。

表 3-6   斗轮取料机润滑点统计表

部件名称	数量	润滑方式	润滑周期	润滑点	可使用润滑剂
斗轮减速机	1	加油	300/3000h	1	见说明书
斗轮液力耦合器	1	加油	3000h	1	20号透平油
斗轮轴轴承	2	压油	4W	2	3号锂基润滑脂
斗轮电动机	1	更换	定期	2	3号锂基润滑脂
走行减速机	4	加油	300/3000h	4	见说明书
走行电动机	4	更换	定期	4	3号锂基润滑脂
走行制动器	4	加油	3000h	4	合成锭子油
夹轨器油缸	2	加油	1年	2	抗磨液压油
夹轨器销轴	2	涂抹	4周	2	3号锂基润滑脂
走行轮	16	压注	1月	24	3号锂基润滑脂
回转减速机	1	加油	300/3000h	1	见说明书
回转电动机	1	更换	定期	1	3号锂基润滑脂
俯仰系统铰轴	4	压注	定期1周	4	3号锂基润滑脂
带式输送机电动机	1	更换	定期	1	3号锂基润滑脂
胶带减速机	1	加油	3000h	1	见说明书
液力耦合器	1	加油	3000h	1	20号透平油
制动器	1	加油	3000h	1	合成锭子油
改向滚筒	1	压注	4周	1	3号锂基润滑脂
驱动滚筒	1	压注	4周	1	3号锂基润滑脂
托辊		更换			
电缆卷筒	2	压注	4周	2	见说明书

第四节　斗轮堆取料机常见故障及处理方法

斗轮堆取料机常见故障及处理方法见表3-7～表3-11。

表 3-7   悬臂带式输送机常见故障及排除方法

故障类别	故障原因	故障排除方法
胶带跑偏	(1) 落料堆积偏心。	(1) 调整导料槽挡板斜度。
	(2) 胶带张力不均匀。	(2) 校正传动、改向滚筒位置；调整调心托辊位置；检查胶带是否变形损坏。
	(3) 传动、改向滚筒表面黏煤	(3) 清扫各滚筒表面

故障类别	故障原因	故障排除方法
胶带黏煤	（1）清扫器失效。 （2）物料太湿。 （3）胶带遗撒严重	（1）更换清扫器已损坏的零部件；更换清扫器。 （2）控制煤场来煤湿度；调整喷水嘴的喷水量。 （3）找出原因，排除落料遗撒的故障
停车时胶带倒装或顺滑	液力推杆制动器损坏或调整过松	（1）更换制动器。 （2）调整制动器

表3-8　　　　　　　　　　行走机构常见故障及排除方法

故障类别	故障原因	故障排除方法
大车不行走	（1）行走电动机损坏。 （2）减速机故障。 （3）夹轨器或制动器未松开。 （4）行走轮轴承损坏。 （5）电气控制回路故障	（1）找出原因，修复或更换电动机。 （2）找出原因，更换损坏的零部件。 （3）找出原因，松开夹轨器或制动器。 （4）查找原因，更换轴承。 （5）按电气说明书排除故障
大车行走不换向	（1）限位行程开关损坏。 （2）控制线路断开	（1）更换新的行程开关。 （2）找出断线处，接通控制线路
夹轨器不动作	（1）驱动电动机损坏。 （2）各传动件（或绞接点）卡死或损坏。 （3）行程不当	（1）更换或修复电动机。 （2）清理杂物，添加润滑油（脂），更换损坏的零部件。 （3）调整夹轨滑块的工作行程
车轮啃轨	（1）轨道的安装精度不满足。 （2）轨道的制造精度达不到要求	（1）按照标准进行调整轨道的安装尺寸。 （2）更换或调整两轨道中心距的尺寸偏差

表3-9　　　　　　　　　　回转机构常见故障及排除方法

故障类别	故障原因	故障排除方法
回转机构不转	（1）回转电动机损坏。 （2）限矩联轴器问题。 （3）电气控制线路断开	（1）检查制动轮与制动环是否烧死，若损坏则修复或更换；检查电动机轴承是否损坏，找出原因并更换；检查电动机绕组是否损坏，若损坏则修复或更换。 （2）若压力弹簧失效或断开，则更换并调整弹簧压力；检查摩擦片工作面是否损坏，必要时更换。 （3）接通线路
制动失效	（1）制动器处有问题。 （2）限矩联轴器故障。 （3）回转限位开关故障。 （4）电气控制线路故障	（1）若压力弹簧断裂，需更换；若制动轮或制动环表面存在油脂，则清洗表面；检查制动轮或制动环是否损坏，必要时更换。 （2）压力弹簧失效或断开，更换并调整弹簧压力；检查摩擦片工作面是否损坏，必要时更换。 （3）更换限位行程开关，并调整行程位置。 （4）排查控制线路，恢复控制

表 3-10 俯仰机构常见故障及排除方法

故障类别	故障原因	故障排除方法
臂架不按定高行程变幅堆料	(1) 料位计损坏。 (2) 电气线路断开	(1) 找出原因，修复或更换料位计。 (2) 找出原因，接通线路
臂架到位后仍然不停机	限位开关损坏	更换新的行程开关，并调整好行程位置
液压油缸撑起动作不同步	油路堵塞或阀门油孔小	清洗动作慢侧油缸的油路，调整平衡阀
臂架无控制自动降落	系统内漏油	(1) 检查液压锁或单向阀接触面是否有杂物，清理 (2) 检查调压弹簧是否回位，修复或更换

表 3-11 液压机构常见故障及排除方法

故障类别	故障原因	故障排除方法
油泵噪声大	(1) 活塞配合过紧或卡死。 (2) 吸油滤油器堵死。 (3) 油面太低吸入空气。 (4) 工作油黏度太大	(1) 修理油泵或更换油泵及油电动机。 (2) 清洗滤油器。 (3) 添加新油，使油位达到规定高度。 (4) 检查工作油牌号、油质、更换工作油
工作压力不稳定	(1) 系统中有大量空气，油箱中泡沫多。 (2) 溢流阀作用失灵，弹簧永久变形或阀卡涩。 (3) 滤芯被杂质卡住	(1) 找出原因，排除油缸及管路中的空气。 (2) 拆开阀件检查、清洗，更换已坏弹簧。 (3) 清理滤芯中的杂质
油压不高，油量不足，液压缸动作迟缓	(1) 溢流阀弹簧压力低，大量油被溢流回油箱。 (2) 油泵泄漏量大，油泵磨损大。 (3) 液压系统内泄大密封件损坏	(1) 校正弹簧压力，调定系统油压达额定要求。 (2) 修复油泵或更换新油泵。 (3) 更换各密封件
臂架升降不均匀，有抖动现象	(1) 电液控制阀阀芯内有脏物。 (2) 工作油黏度太大。 (3) 平衡阀或液控单向阀阀芯内有杂物	(1) 清洗阀芯，检查油质，必要时换油。 (2) 清洗油箱，换新油。 (3) 清洗各有关阀芯及各滤油器滤芯，必要时将工作油重新过滤后再用
油路漏油	(1) 管接头松动。 (2) 密封件损坏或漏装。 (3) 焊接处裂缝或铸件有砂眼。 (4) 工作油牌号不对	(1) 拧紧管接头。 (2) 更换或补装密封件。 (3) 补焊或更换。 (4) 换工作油

思考题

1. 简述 DQ8030 型斗轮堆取料机型号中数字的含义。
2. 简述斗轮堆取料机的主要结构。
3. 简述斗轮堆取料机液压系统中液压缸动作缓慢的原因。

第四章

碎 煤 机

第一节 碎 煤 机 设 备 分 类

一、输煤系统中碎煤机的作用

火力发电厂燃煤通过输煤系统输送至锅炉原煤仓后通过磨煤机的粉碎供给锅炉使用。为了提高磨煤机的效率，减少磨煤机损耗，原煤在进入磨煤机前需进行破碎，将原煤破碎到粒径小于 30mm，经破碎机破碎合格后的煤再送入磨煤机。

二、碎煤机的分类

火力发电厂使用的碎煤机主要安装在缓冲煤仓之前、输煤系统中部滚轴筛后、储煤场中等几个部位，使用的碎煤机大致分为 4 种结构类型，下面对每一种型式适用的物料类型及特点进行简要的说明。

（一）反击式破碎机

反击式破碎机能处理边长为 100～500mm 的物料，其抗压强度最高可达 350MPa，具有破碎比大、破碎后物料呈立方体颗粒等优点。反击式破碎机广泛应用于建材、矿石破碎、铁路、高速公路、能源、交通、能源、水泥、矿山、化工等行业中细碎物料破碎处理。其排料粒度大小可以调节，破碎规格多样化。

（二）锤式破碎机

锤式破碎机主要用于破碎煤、盐、石膏、砖瓦、石灰石等，还用于破碎纤维结构、弹性和韧性较强的碎木头、纸张等。此外，锤式破碎机不仅可用于破碎生产线、制砂生产线，也可在选矿生产线中替代圆锥式破碎机。

（三）双齿辊破碎机

双齿辊破碎机又叫双辊式破碎机、对辊式破碎机、对辊机、对辊破碎机（双辊破碎机），用于进料粒度小于 80mm、成品粒度为 20～50mm 的细碎作业，如采矿业细碎铁矿石、石英石；陶瓷行业破碎原材料。双齿辊破碎机适用于水泥、化工、电力、矿山、冶金、建材、耐火材料、煤矿等行业脆性块状物料的粗、中级破碎，其入料粒度大，出料粒度可调，可对抗压强度小于或等于 160MPa 的物料进行破碎。特别是煤炭行业，使用双齿辊破碎机破碎原煤，只需经过除铁、除杂，便可直接进行破碎，破碎出的物料，粒度均匀，过破碎率低，从而简化了选煤工艺，降低了投资和生产成本。

（四）环锤式破碎机

环锤式破碎机主要通过高速转动的锤体与物料碰撞达到破碎物料的目的，它具有结构简单、破碎比大、生产效率高等特点，可作干、湿两种形式破碎，环锤式破碎机适用于矿山、水泥、煤炭、冶金、建材、公路、燃化等部门对中等硬度及脆性物料进行细碎。环锤式破碎机广泛用于火力发电厂输煤系统的煤炭初级破碎，可以高效经济地将原煤破碎到规定的粒度，供锅炉使用，同其他类型的碎煤机相比，具有噪声小、粉尘小、功耗比低等优点。该机适用于破碎烟煤、无烟煤、褐煤及冻煤等。

第二节 碎煤机设备结构原理

火力发电厂输煤系统常用的碎煤机主要为环锤碎煤机、双齿辊破碎机、锤式破碎机、反击式破碎机，本节主要对这四种类型的碎煤机进行介绍。

一、环锤碎煤机

环锤碎煤机是引进国外技术的一种破碎机，该设备普遍用于火力发电厂输煤系统原煤的破碎。其主要优点为出力大、能耗低、粉尘小、噪声低、寿命较长、使用方便、维护简单、运行费用较低等方面的优势，被破碎物料的抗压强度不超过 150MPa。主要缺点为锤头和篦条筛磨损快，检修找平衡难度较大，检修时间长；破碎粘湿物料时，易堵塞篦条筛缝，容易造成停机（物料的含水量不应超过 10%）；粉碎坚硬物时，锤头和衬板磨损大。经过实践检验，环锤碎煤机在火力发电厂输煤系统运行良好，可靠性、稳定性较强，破碎后的粒度满足磨煤机的要求，所以得到了广泛的采用。

（一）环锤碎煤机结构

1. 环锤碎煤机组成

环锤碎煤机主要由下部体、前部体、上部体、后部体、转子部件、筛板支架、同调机构、液压系统等部件组成。通过高速回转的环锤冲击、挤压、滚碾，将煤中的大煤块破碎，以供给锅炉磨煤机合格粒度煤的破碎机械。环锤碎煤机型号分为多个系列，其结构原理基本相同。

2. 环锤碎煤机结构介绍

环锤碎煤机由八大部分组成（见图4-1），即后机盖1、中间机体2、转子部件3、液压系统4、前机盖5、下机体7、筛板架组件41、调节机构43。其中下机体、中间机体、前机盖及后机盖，都是采用不同厚度的钢板焊接而成，机体内壁固定有铸造的耐磨衬板。

（1）下机体。下机体用来支承前、后机盖、中间机体及转子部件，具有足够的强度和刚度，在机体前侧设有一个检查门（21），在非电动机端轴承座下边也设一个观察门（8），从这里可以窥视环锤磨损情况及检查环锤与筛板之间的间隙。

（2）中间机体。中间机体借助螺栓与下机体连接，其结合面处用密封胶条密封，上部是入料口，四周装有衬板（25、26、28）及内壁衬板（27），顶部装有风量调节机构（29）。

（3）后机盖。后机盖通过两个圆柱销（9）与下机体连接，并可以此为旋转中心向后翻转，四周法兰用螺栓与下机体及中间机体紧围在一起，机盖上部有一悬挂轴（24）、筛

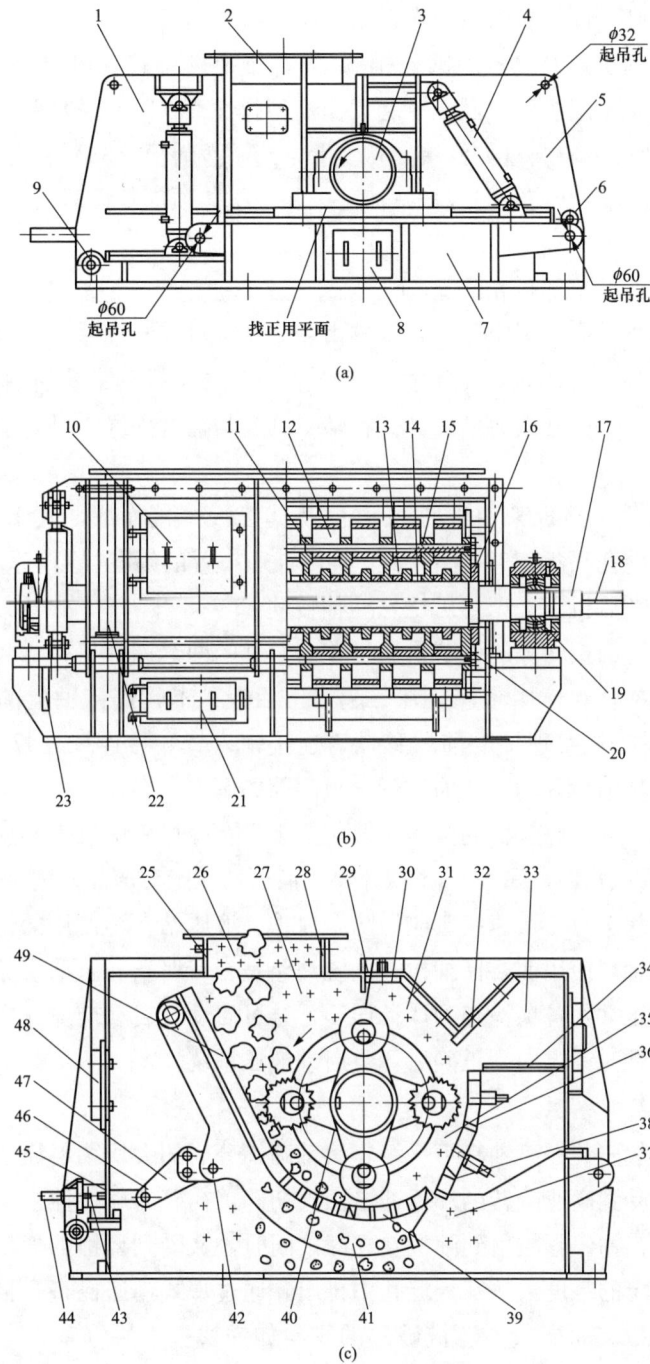

图 4-1 环锤碎煤机结构图

（a）图 1；（b）图 2；（c）图 3

1—后机盖；2—中间机体；3—转子部件；4—液压系统；5—前机盖；6—圆柱销；7—下机体；8—侧视门；9—圆柱销；
10—前视门；11—摇臂；12—齿环锤；13—圆环锤；14—间隔环；15—环轴；16—锁紧螺母；17—主轴；18—平键；
19—轴承；20—圆盘；21—下检查门；22—支柱；23—起吊板；24—悬挂轴；25～28、30～32、35、37—衬板；
29—风量调节机构；33—除铁室；34—栅格型弹性筛；36—上拨料板；38—下拨料板；39—筛板；40—键；
41—筛板架组件；42—连接销；43—调节机构；44—蜗杆；45—调节垫片；
46—铰链头；47—连杆；48—后视门；49—破碎板

板架组件（41）悬挂于此，机盖后部有调节机构（43）。

（4）前机盖。前机盖通过两个圆柱销（6）与下机体连接，可以此为中心向前翻转，并用螺栓与下机体及中间机体紧固在一起，栅格型弹性筛（34）及反弹衬板（32）组成除铁室（33），不易破碎的物料（如铁块、木块等）经下拨料板（38）、上拨料板（36）被抛进除铁室（33），定期打开前视门（10）清除杂物，机体顶部装设衬板（30），两端内壁装衬板（31、35）。

（5）转子部件。转子部件由主轴（17）、通过平键把 17 个摇壁（11）、18 个间隔环（14）、两个转子圆盘（20）固定其上，两端由锁紧螺母（16）锁紧。主轴两端采用自动调心球面滚子轴承（19）支承，4 根环轴（15）上装有顺序排列的齿环锤（12）及圆环锤（13），平键（18）用来安装液力耦合器。在转子圆盘与摇臂外缘上堆焊有耐磨合金，以提高耐磨性。

（6）筛板架组件。筛板架由 3 件弧形板及其筋板焊接而成，其上装有 4 块破碎板（49）、大筛板和切向孔筛板（39），筛板上通过合理布置的筛孔，可有效防止堵煤。筛板架通过悬挂轴悬挂在后机盖上，并可绕悬挂轴转动。

（7）调节机构。筛板间隙的调节是通过左右对称的两套调节机构（43）实现的，为保证两边同步，用连接轴和连接套连接在一起，用活扳手卡住连接轴上的六方头摇动蜗杆（44）带动蜗轮推动丝杠实现轴的前后移动，连接销（42）将连杆（47）与筛板架相连，轴的移动带动筛板架前后移动，从而实现筛板间隙的调整。

（8）液压系统。环锤碎煤机的液压系统包括装设在碎煤机前机盖和后机盖上的工作油缸（各 2 件）、接头和管路，采用 SY8 型碎煤机液压站（配套产品）的动力驱动油缸工作。液压系统在非工作状态时，快速接头应做防尘保护。液压站在不使用的情况下，也应安放在专门场所妥善保管。使用前要仔细检查系统油路是否有堵塞和跑漏现象，以及系统和液压站各零部件是否正常，各项检查确认无误后，方可启动。启动前应先空车试车，确定电动机转向（一般为顺时针方向）正确后，再启动液压系统。

（二）环锤碎煤机原理

环锤碎煤机一般安装在滚轴筛下一级，滚轴筛筛分后的大块物料通过落料筒进入碎煤机破碎腔后，首先受到高速旋转的环锤冲击而被初碎，初碎的煤块撞击到碎煤机及筛板上后进一步被粉碎。当初碎颗粒落到筛板及环锤之间时，又受到环锤的剪切、滚碾和研磨等作用，被粉碎到规定的粒度，从筛板栅孔中排出。通过带式输送机将合格粒度的煤供应给煤仓进入锅炉磨煤机。而少量不能被破碎的物料如铁块、木块等杂物，在离心力的作用下，经拨料器筛板被抛到除铁室内后定期清除。

二、双齿辊破碎机

双齿辊破碎机适用于煤炭、冶金、矿山、化工、建材等行业，适用于大型煤矿或选煤厂原煤（含矸石）的破碎。双齿辊破碎机破碎能力大，电动机与减速器之间用限距型液力耦合器连接，防止动力过载、传感器过载，安全可靠。齿辊间距通过液压调整，齿辊轴承采用集中润滑。齿辊式破碎机具有体积小、破碎比大、噪声低、结构简单、维修方便的优点，生产率高，具有被破碎物料粒度均匀、过粉碎率低、维修方便、过载保护灵敏、安全可靠等特点。

（一）双齿辊破碎机结构

双齿辊破碎机（见图 4-2）主要由两个相对转动的辊轴组成，辊轴之上布满鳄鱼齿状的凸起，辊轴旋转运动时就像牙齿的咀嚼，对破碎的粒度起到了很好的控制。另根据辊轴数量的不同，还有四齿辊破碎机、六齿辊破碎机等，但是辊轴的数量一般均为偶数。齿辊式破碎机按照破碎齿辊的数目可分为单齿辊破碎机、双齿辊破碎机和多齿辊（三齿辊、四齿辊和六齿辊）破碎机。其中单齿辊、双齿辊和四齿辊破碎机在工业现场应用得最广泛。单齿辊破碎机的齿辊较长，主要用于粗碎；双齿辊破碎机和四齿辊破碎机的齿辊则较短，主要用于中碎和细碎。

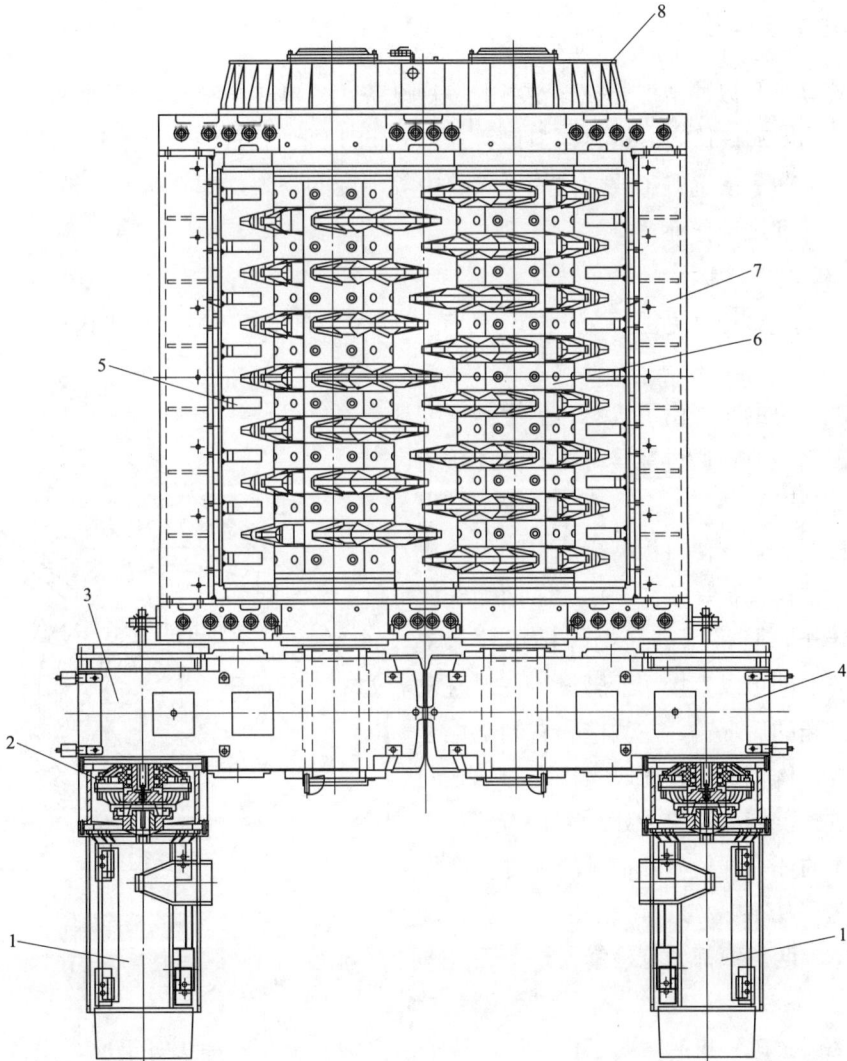

图 4-2 双齿辊破碎机结构

1—电动机；2—液力耦合器；3—减速机；4—底座；5—边齿；
6—破碎辊总成；7—机体；8—同步齿轮

（二）双齿辊破碎机原理

双齿辊破碎机是一种对辊破碎机，破碎辊表面交错排列凸起的齿，两辊相向转动将块料破碎。齿辊破碎机是与烧结机配套使用的重要破碎设备，适用于冶金行业的冶炼厂、钢厂烧结工段冷、热烧结块的中碎。该设备的工作状况和破碎效率直接影响合格烧结块的产量和整个烧结工段生产的作业率。

工作状态时两个破碎辊在传动装置的驱动下相向转动，固定辊支承在固定轴承上。移动辊支承在移动轴承上，安全装置（弹簧保护装置）紧顶活动轴承，并用定位垫块调节两辊的间隙，其最小距离也称排料口宽度，用以控制破碎块产品粒度。物料自两辊上方加入，在辊子与物料间摩擦力作用下，物料被带入两辊之间，受挤压破碎后，自下部排出破碎后的粒度一般控制为 80～120mm。

三、锤式破碎机

锤式破碎机是以冲击形式破碎物料的一种设备，分单转子和双转子两种形式。是直接将最大粒度为 600～1800mm 的物料破碎至 25mm 以下的破碎机。锤式破碎机适用于水泥、化工、电力、冶金等工业部门用于破碎中等硬度的物料，如石灰石、炉渣、焦碳、煤等物料的中碎和细碎作业。

（一）锤式破碎机结构

锤式破碎机结构（见图 4-3）主要由机壳、转子、打击板、减速机等构成。

1. 机壳

锤式破碎机的机壳由下机体、后上盖、左侧壁和右侧壁组成，通过螺栓将各部分连接为一体。上部开设进料口一个，机壳内壁全部以高锰钢衬板镶嵌，方便衬板磨损后更换。下机体采用碳素结构钢板焊接而成，为了两侧安放轴承支持转子，特采用高锰钢焊接了轴承支座。机壳的下部可以直接用地脚螺栓在混凝土上固定，机壳的后上盖、左侧壁和右侧壁也全部采用碳素结构钢板焊接而成。机壳和轴之间没有防护措施，漏灰现象十分严重，为了防止漏灰，机壳的任一部位与轴接触的地方全部设有轴封。为了方便检修、调整更换箅条和锤头，下机体、两侧壁都开有检修孔。

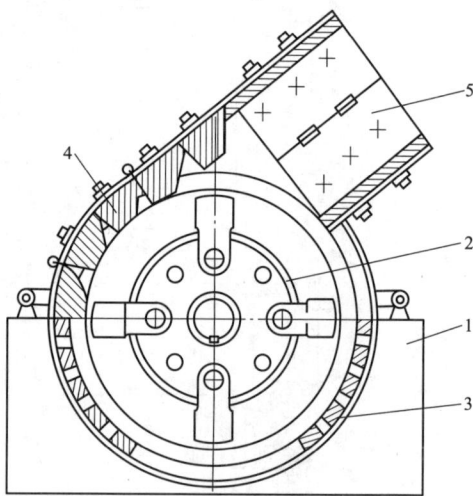

图 4-3　锤式破碎机结构

1—机壳；2—转子；3—箅条；4—打击板；5—衬板

2. 转子

转子是锤式破碎机的主要工作部件，转子由主轴、锤盘、锤头等组成，锤盘上均匀开有分布的销孔，用销轴悬挂锤头，为了防止锤盘和锤头的轴向窜动，用锁紧螺母在销轴两端固定。转子支承在两个滚动轴承上，轴承通过螺栓固定在下机体的支座上，还有两个定位销钉固定在轴承的中心距上。为了使转子在运动中存储一定的动能，在主轴的一端装有飞轮，用来减小电动机的尖峰负荷和减轻锤头的磨损。下面对转子的几个主要部件加以详细介绍。

（1）主轴：主轴是锤式破碎机支撑转子的最主要部件，因为转子、锤头的重力和冲击力都由其承受，所以主轴的材质需要具有较高的韧性和强度，主轴的材质采用优质合金钢，通过超声波探伤进行调质处理。

（2）锤盘：锤式破碎机的锤盘用来悬挂锤头，在锤式破碎机的运转中，锤盘不可避免地要受到矿石的冲击和摩擦，因此，要求锤盘具有一定的耐磨性，锤盘及锤孔采用高锰钢渗碳热处理来提高其耐磨性。

（3）锤头：锤头是锤式破碎机最重要的工作部件。其中锤头的质量、形状和材质决定着锤式破碎机的工作能力，锤头动能的大小与锤头的重力是成正比的，锤头越重，动能越大，破碎的效率越高，最小锤头质量为 15kg，最大锤头质量可达 298kg，多种锤头质量可以根据客户需求由厂家定制，锤头采用新型优质多元素高铬锰钢复合铸造，其使用寿命是一般锤头的数倍。

3. 衬板和打击板

锤式破碎机通过锤头高速捶打矿石，使矿石瞬间具有极大的速度和动能。为了防止机架磨损，在机架的内壁用锰钢做衬板，打击板采用高锰钢铸造，淬火经过强化处理，保证了衬板和打击板优越的耐磨性和耐冲击性。由于锤式破碎机工作环境恶劣，所以锤式破碎机的质量决定着其使用寿命，锤式破碎机的质量是由其组成部件的材质决定的。

（二）锤式破碎机原理

锤式破碎机主要靠冲击能来完成物料破碎作业。锤式破碎机工作时，电动机带动转子作高速旋转，物料均匀地进入破碎机腔中，高速回转的锤头冲击、剪切、撕裂物料，使物料被破碎；同时，物料自身的重力作用使物料从高速旋转的锤头冲向机架体内挡板和筛条，大于筛孔尺寸的物料阻留在筛板上继续受到锤子的打击和研磨，直到破碎至所需出料粒度后通过筛板排出机外。

四、反击式破碎机

反击式破碎机（见图 4-4）利用反击破碎的原理对物料进行粉碎，是一种比颚式破碎机破碎粒度更小的破碎机设备，在生产线中主要用于细碎作业，和颚式破碎机配合使用进行物料破碎。反击式破碎机处理湿度大的物料更有效，可有效防止物料堵塞。反击式破碎机适用的

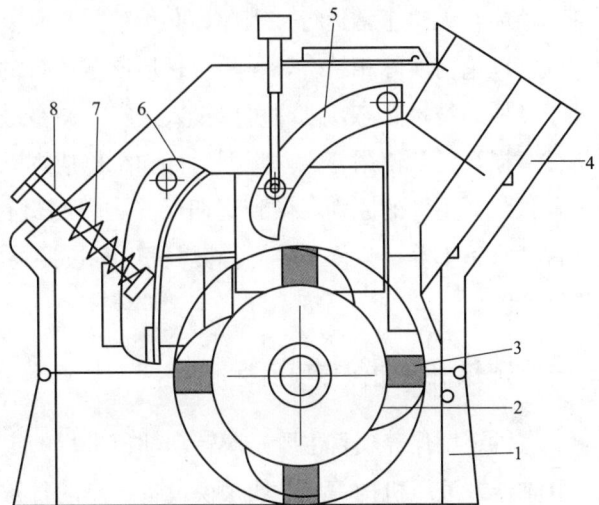

图 4-4 反击式破碎机机构

1—机壳；2—转子；3—板锤；4—给料溜槽；5—第一反击板；
6—第二反击板；7—弹簧；8—拉杆

物料更加广泛，可以方便灵活地调节出料粒度。反击式破碎机备件更换简便，维护费用少。

（一）反击式破碎机结构

反击式破碎机结构主要包括以上部件，转子大都采用整体铸钢制成，结构坚固耐用，易于安装板锤，质量大，能满足破碎要求。小型和轻型反击式破碎机的转子也可采用钢板焊接而成。

（二）反击式破碎机原理

反击式破碎机是一种利用冲击能来破碎物料的破碎机械。工作状态时，反击式破碎机工作原理在电动机的带动下，转子高速旋转，物料进入板锤作用区时，与转子上的板锤撞击破碎，后又被抛向反击装置上再次破碎，然后又从反击衬板上弹回到板锤作用区重新破碎，此过程重复进行，物料由大到小进入一、二、三反击腔重复进行破碎，直到物料被破碎至所需粒度，由出料口排出。

第三节　碎煤机的维护及常见故障分析

设备可靠稳定地运行离不开定期的维护和保养，主要包括减缓设备劣化速度、定期补加及更换润滑油脂、测定设备劣化程度或性能降低程度而进行的必要检查，恢复设备性能而进行的修理活动，设备定期清扫、检查、紧固、调整等工作。

由于碎煤机主要作用是对来煤进行破碎，来煤中可能存在铁块、木块、石块等杂物，运行工况较差，定期的维护保养检查尤其重要。碎煤机设备保养的意义在于，设备在长期的使用过程中，机械的部件磨损，间隙增大，配合改变，直接影响到设备原有的平衡，设备的稳定性、可靠性、使用效益均会有相当程度的降低，甚至会导致机械设备丧失其固有的基本性能，无法正常运行。因此，必须建立科学有效的设备管理机制，加大设备日常管理力度，理论与实际相结合，科学合理地制定设备的维护、保养计划。为保证机械设备经常处于良好的技术状态，随时可以投入运行，减少故障停机，提高碎煤机设备利用率，减少机械磨损，延长使用寿命，降低运行和维修成本，确保安全生产；保养必须贯彻"养修并重，预防为主"的原则，做到定期保养、强制进行，正确处理使用保养和修理的关系，不允许"只用不养，只修不养"。碎煤机设备按照通用的维护保养说明，主要从如下几方面进行介绍。

一、碎煤机定期保养项目标准

碎煤机定期保养项目主要是对转动部位进行的定期油脂补加及更换，主要部位包括轴承、联轴器、液压机构等，一般来说设备各点的日常保养周期有一定的通用标准，但是各单位会根据实际使用油脂质量及运行工况编制适应的标准。对各部位的油脂保养进行通用介绍，见表4-1。

表 4-1　　　　　　　　　　　　碎煤机定期保养标准

部位	油脂类型	给油量	换油周期	补油周期	备注
轴承	润滑脂	1/2～1/3轴承腔	6个月	3个月	参考润滑脂说明书
液力耦合器	润滑油	说明书要求	2年	6个月	参考润滑油说明书
液压系统	液压油	油尺刻度	2年	6个月	参考润滑油说明书并6个月进行一次过滤

二、碎煤机定期检查项目及标准

通过对碎煤机定期检查，开展劣化分析，确定合理的检修周期及检修项目，保证碎煤机设备的出料符合要求，设备可靠运行。表 4-2 为碎煤机定期检查项目及标准。

表 4-2　　　　　　　　　　碎煤机定期检查项目及标准

序号	检查项目	项目标准	备注
1	轴承温度	≤90℃	
2	设备振动	≤0.15mm	一般控制在≤0.1mm
3	设备异声	无异声	
4	环锤磨损情况	环锤限留线或1/3原厚度	
5	筛板磨损情况	出现孔洞或厚度达到15mm	
6	衬板磨损情况	1/3原厚度	
7	排料粒度	≤30mm	
8	液压系统	油位在油尺刻度间	
9	漏粉漏油	设备无漏粉、漏油现象	

三、环锤碎煤机配锤维护

（一）环锤配锤要求

（1）称重前应将锤环上污物、毛刺、结渣、锐边清理干净，之后再称重记录，保证配锤的准确性。

（2）转子相对的两排环锤总质量差不大于 0.15kg，两排相对应的两个环锤的质量差不大于 0.17kg。

（3）任意两排的质量与相对两排的半重偏差不大于 1kg（非必要条件）。

（4）排列在转子轴上的环锤质量是按（重-次重-轻-次重-重）顺序排列的，一般重的一侧放在驱动端。

（二）环锤配锤及布置方法

首先清理环锤，清理后对每个环锤进行称重，选用量具称重精度为 0.05kg。测定后每个环锤的质量用白色记号笔写在环锤表面。并且按照从轻到重的顺序摆放，方便查找。一般来说，同一批次的环锤质量差距不大，如果是不同批次的一般差距稍大，所以为了配锤符合要求，应尽量准备同一批次的环锤或者准备较多裕量的环锤，防止出现配锤质量无法满足质量要求。同上要求再测量环轴的质量并将质量标示在环轴上，下面通过实例说明环锤配锤的具体步骤和方法。

某碎煤机转子共有 4 排,其中两排每排 6 个环锤,另外两排每排 7 个环锤,其中有 12 个圆环锤、14 个齿环锤。经过测量,圆环锤质量为：62.00、62.10、62.20、62.30、62.40、62.50、62.60、62.70、62.80、62.90、63.00、63.10kg。

有 14 个齿环锤,质量分别为：55.00、55.10、55.20、55.30、55.40、55.50、55.60、55.70、55.80、55.90、56.00、56.10、56.20、56.30kg。

有 4 个环轴,质量分别为 58.40、58.50、58.45、58.55kg。

按照配锤要求对环锤进行质量搭配,根据经验两头重中间轻,将质量大的环锤对称对角布置,依照质量从大到小的顺序从转子两边至中间逐步布置,进行初步的配锤,进一步核算是否符合质量要求,不符合的进行互换调整,如经过调整无法满足,必须更换符合质量的环锤,更换质量相差较大的环锤。如此循环调整配锤,直至质量差符合要求。调整时一般在表 4-3 中调整计算数据较为方便。表 4-3 为经过调整后的数据记录表,根据此表将环轴及环锤放置在相应的转子位置上,再进行动平衡实验,振动合格后装入碎煤机设备。

表 4-3 　　　　　　　　　　　　　　环锤配重表 　　　　　　　　　　　　　　 kg

环锤排组 \ 环锤位置		1	2	3	4	5	6	7	环轴	总重
第一排	圆环锤	63.1	62.7	62.3	62.0	62.4	62.8		58.5	433.8
第二排	齿环锤	56.3	55.9	55.5	55.1	55.2	55.6	56.0	58.4	448
第三排	圆环锤	63.0	62.6	62.2	62.1	62.5	62.9		58.55	433.85
第四排	齿环锤	56.2	55.8	55.4	55.0	55.3	55.7	56.1	58.45	447.95

四、碎煤机常见故障及处理方法

碎煤机常见故障及处理方法见表 4-4。

表 4-4 　　　　　　　　　　　碎煤机常见故障及处理方法

序号	故障性质	故障原因	处理方法
1	碎煤机振动大	环锤碎裂或严重磨损,失去平衡	按说明书重新选装,更换新环锤
		轴承损坏或径向游隙过大	更换新轴承
		电动机与液力耦合器安装不同心	按说明书要求重新找正
		给料不均匀,造成环锤不均匀磨损	调整给料装置,在转子长度上均匀布料
		轴承座螺栓或地脚螺栓松动	紧固松动的螺栓
2	轴承温度超过 90℃	轴承径向游隙过小或损坏	更换大游隙轴承
		润滑油不足	增加润滑油
		润滑油污秽	更换新油

序号	故障性质	故障原因	处理方法
3	碎煤机腔内产生连续的敲击声	不易破碎的异物进入	停机清除异物
		破碎机、筛板等部件的螺栓松动，环锤打在其上	紧固螺栓、螺母
		环锤轴磨损太大	更换新环锤轴
4	排料大于25mm的粒度明显增加	筛板与环锤间隙过大	重新调整间隙
		筛板孔有折断	更新筛板
		环锤磨损过大	更新环锤
5	产量明显降低	给料不均匀	调整给料机构
		筛板孔堵塞	清理筛板栅孔，检查煤的含水量、含灰量
6	泵虽排油，但达不到工作压力	溢流阀动作不良	拆卸阀体，检查修复
		油压回路无负荷	检查油路，加负荷
		系统漏油	检查管道，制止漏油
7	有压力但不排油或者容积效率下降	泵内密封体损坏	与制造厂家联系进行修理
		吸入异物在滑动部分产生异常摩擦	进行检查，排除异物
		吸入管太细或被堵塞	允许吸入真空度为110mm水银柱
		吸入过滤器堵塞	清洗
		吸入过滤器容量不足	过滤器的容量应为使用容量的2倍
		吸入管或其他部位吸入空气	向吸入管注油，找出不良处
		油箱内有气泡	检查回油路，防止发生气泡
8	噪声过大	油面低	加油至规定油面
		泵的安装基础刚性不足	提高安装基础刚度
		转速和压力超出规定值	检查转速、压力及油路
		联轴器噪声大	检查联轴器有无损伤和错位过大
9	油泵发热	容积效率不良，泵内进入空气	排除空气，提高容积效率
		轴承损坏	更换新轴承
		油黏度高，润滑不良或油污严重	更换新油
10	液力耦合器油温过高	充油量减少	加油到所需要的数量
		超载	减小载荷
11	液力耦合器运转时漏油	热保护塞或注油塞上的O形密封圈损坏或松动	更换密封圈或拧紧油塞
		后辅室或外壳与泵轮连接处O形密封圈损坏	更换密封圈
		后辅室或外壳与泵轮结合面没上紧	拧紧该两处的连接螺栓
12	停车时漏油	输出轴处的油封损坏	更换油封
13	启动或停车时有冲击声	弹性块过度磨损	更换新的弹性块
14	电动机被烧毁	充油量过多	按需要的充油量加油

思 考 题

1. 简述环锤式碎煤机的结构。
2. 简述环锤式碎煤机的工作原理。
3. 简述环锤式碎煤机环锤配锤的要求。
4. 简述环锤式碎煤机振动大的主要原因有哪些。

第五章

滚 轴 筛

第一节　滚轴筛设备结构原理

一、用途

在火力发电厂中滚轴筛是火力发电厂输煤系统中的重要的筛分设备。主要为提高碎煤机的效率，减低磨煤机的磨损，提高经济性，通常在碎煤机之前布置滚轴筛，对燃煤进行筛分，经过滚轴筛筛分后，原煤中小于筛孔的煤落到筛机下方胶带运走，大于筛孔的煤在输筛面上向前运动被送入碎煤机中进行破碎。BGSP 型变倾角等厚滚轴筛是在普通滚轴筛的基础上发展起来的，其性能更优越，用途更广泛，对物料的适应性更强。

二、型号说明

型号表示如下：

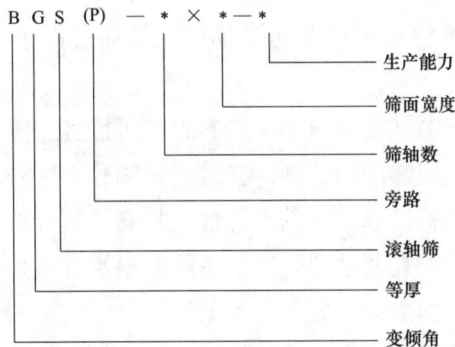

```
B G S (P) — * × * — *
                      ├── 生产能力
                   ├───── 筛面宽度
                ├──────── 筛轴数
             ├─────────── 旁路
          ├────────────── 滚轴筛
       ├───────────────── 等厚
    ├──────────────────── 变倾角
```

BGSP12×18-1500 型滚轴筛的具体参数见表 5-1。

表 5-1　　　　　　　　　BGSP12×18－1500 型滚轴筛的具体参数

参数	数值	参数	数值
筛面倾角	变倾角型	出料粒度	≤30mm
筛轴数	12轴	筛轴转速	87r/min
出力	1500t/h	减速电动机型号	DV132S4-SRDI
筛面宽度	1800mm	减速电动机功率	4kW
入料粒度	≤300mm	扭矩	415N·m

三、BGSP 型滚轴筛原理

变倾角等厚滚轴筛是根据等厚筛分原理采用一种新型的筛面结构设计，即由若干根筛轴组成分段式筛面，沿物料流动方向上各段筛面的倾角由大到小，形成变倾角分段筛面。进入筛机的物料首先在大倾角筛面段完成快速分离，再流向次倾角、小倾角筛面，并在这里进行充分分离。小于筛孔的物料被筛下，大块物料被排到出料口后进入碎煤机破碎。BGSP 变倾角等厚滚轴筛的筛面设计成带有不同倾角的两段筛面，靠近落煤口的筛面倾角较大，一般在 20°～30°之间；靠近出料口筛面倾角较小，一般在 5°～15°之间。带旁路系统的机型，使滚轴筛的检修更为方便，旁路内的分流板通过电动推杆来执行动作。

四、BGSP 型滚轴筛结构及特点

BGSP 型滚轴筛基本由传动机构和筛机本体两部分组成。传动机构一般由电动机、二级减速机、联轴器组成。筛机本体则是由筛轴、筛框和筛盘组成。每根筛轴上均装有几片耐磨性能良好的筛盘，相邻两筛轴上的筛盘交错排列，形成滚动筛面。筛片均套装在筛轴上，为铸钢件，形状主要有梅花形和指形等。该类型滚轴筛主要有如下特点。

（1）入料口段筛面倾角大，使该段物料快速流入下一段筛面，消除了入料口物料堆积而造成堵塞、卡塞现象。

（2）物料流动过程中随着筛面倾角的变化物料速度渐慢，同时物料在各段筛面上逐步筛分，因此形成近似等厚筛分。

（3）由于增大筛面倾角后物料流动速度加快。从而提高了单位面积筛面的筛分处理量，提高筛机能力。

（4）物料自然流动速度的加快，减小了物料粘挂可能性。

（5）采用梅花形筛片，相邻两轴的筛片交叉形成筛孔。这种筛片具有自动清理筛轴上黏煤的作用，大大降低了物料堵塞筛面的可能性，提高了筛分效率。

（6）可根据煤的含水量加装清轴器，用于清除物料水分过大时在筛轴上的黏煤。

（7）采用全封闭壳体，粉尘少。

（8）筛轴旋转采用单机传动，便于检修维护，且局部筛轴卡死后，整机不停车，仍可保持运行状态。

（9）采用耐磨筛片，耐磨损，使用寿命长。

第二节　滚轴筛维护及常见故障处理

一、滚轴筛检修项目

（1）检查各紧固螺栓有无松动或断裂，并进行紧固或更换。

（2）检查筛架有无变形、扭曲、脱焊的缺陷并进行相应的修理。

（3）对驱动装置减速器进行检查、修理。

（4）对轴承座进行开盖、解体大修，各齿轮、轴承检修安装完毕后，需对齿轮的啮合间隙进行测量和调整。

（5）检查各轴承有无异声和超温现象，并应根据实际情况及时进行更换；检查各结合面及通轴处有无渗漏并进行处理。

（6）解体检查多级纵向轴和锥齿轮减速器的磨损情况、啮合情况，并进行必要的调整、修理和更换。

（7）检查筛轴有无变形弯曲情况，变形严重的进行更换。

（8）检查、更换筛轴上的所有筛盘磨损情况。

二、滚轴筛检修工艺标准

（1）各筛轴间保持平行。

（2）筛轴上的各筛盘应交错排列，且保持固定，无窜动。

（3）长锥齿轮减速器内的锥齿轮的磨损量不应超过原厚度的 25%。

（4）锥齿轮更换时应成对更换。

（5）锥齿轮进入润滑油中 10～15mm。

（6）长锥齿轮减速器内的多级纵向轴应无变形，弯曲。

（7）各结合面间应无漏油。

三、滚轴筛运行过程中注意事项

（1）滚轴筛运转正常后加料，加料要保持均匀，不得突然加大给煤量。

（2）如无特殊情况，不得带负荷停机；需停机时，要先停止给煤。

（3）每次启动前都应保持筛面无物料，若有物料，可人工排料后，再点动几次，排空筛面上物料。

（4）注意润滑部位，保持良好的润滑。

（5）要经常检查滚轴两侧轴承座中有无积煤及杂物，若有，应及时清除。

（6）进入筛内清理积煤和杂物时，必须做好安全措施，并安排专人监护。

（7）电动机和机体应无强烈的振动，轴承温度不高于 80℃。

四、滚轴筛常见故障及处理方法

在滚轴筛日常运行中，主要频发的故障有滚轴筛堵煤或过载跳闸、筛分效率低、异常噪声和筛下物料粒度明显增大等，这些故障如不能及时处理会影响设备的正常上煤。

（1）滚轴筛堵煤或过载跳闸主要原因及措施见表 5-2。

表 5-2　　　　　　　　　滚轴筛堵煤或过载跳闸主要原因及控制措施

序号	故 障 原 因	控 制 措 施
1	筛轴被大件杂物卡住，使转速减慢或不转	停机进行检查，处理异物

续表

序号	故 障 原 因	控 制 措 施
2	筛面有杂物堆积，影响煤流通过	停机处理筛面或筛轴上杂物
3	煤流量过大或煤黏度过大	掺入适量干煤，控制煤流量
4	传动轴或齿轮、轴承损坏	检修传动轴或更换轴承
5	尼龙柱销断裂	对断裂的尼龙柱销进行更换

（2）滚轴筛筛分效率低主要原因及控制措施见表 5-3。

表 5-3　　　　　　滚轴筛筛分效率低主要原因及控制措施

序号	故 障 原 因	控 制 措 施
1	入筛物料不均匀	调整出力，均匀入料
2	筛轴内积煤，造成筛孔堵塞	停机清理
3	传动轴或齿轮、轴承损坏	更换损坏的传动轴、齿轮或轴承

（3）滚轴筛异常噪声主要原因及控制措施见表 5-4。

表 5-4　　　　　　滚轴筛异常噪声主要原因及控制措施

序号	故 障 原 因	控 制 措 施
1	筛轴箱体底脚螺栓松动或断掉	紧固底脚螺栓或更换
2	筛轴断裂	停机检查，对损坏的筛轴进行更换
3	轴承缺油脂	对缺油轴承添加润滑脂

（4）滚动筛筛分物料粒明显增大主要原因及控制措施见表 5-5。

表 5-5　　　　　　滚轴筛筛分物料粒明显增大主要原因及控制措施

序号	故 障 原 因	控 制 措 施
1	筛片磨损、超限、筛孔尺寸过大	更换筛片

（5）滚轴筛处理不足主要原因及控制措施见表 5-6。

表 5-6　　　　　　滚轴筛处理不足主要原因及控制措施

序号	故 障 原 因	控 制 措 施
1	燃煤水分大	调整燃煤输送量
2	燃煤粒度大	调整燃煤输送量
3	筛孔有严重堵塞现象	设备停止后，清理筛面
4	筛片磨损严重	更换筛片

思考题

1. 简述 BGSP12×18-1500 型滚轴筛型号中字符的含义。
2. 简述滚轴筛的主要结构和工作原理。
3. 简述滚轴筛堵煤或过载主要原因及控制措。

第六章

给 料 机

第一节 给 料 机 分 类

给料机用于把物料从贮料仓或其他贮料设备中均匀或定量地供给到受料设备中，是实行流水作业自动化的必备设备。

给料机的分类：给料机分敞开型和封闭型两种，常见的给料机有电磁振动给料机、棒条振动给料机、螺旋给料机。以下分别介绍。

一、电磁振动给料机

电磁振动给料机（见图 6-1）从结构上主要分为直线料槽往复式（简称直槽式）电磁振动给料机和螺旋料槽扭动式（简称圆盘式）两类，两者的工作原理基本相同。直槽式一般用于不需定向整理的粉、粒状物料的给料，或用于对物料进行清洗、筛选、烘干、加热或冷却的操作机；圆盘式一般用于需要定向整理的物料的给料，多用于具有一定形状和尺寸的物料传输的场合。主要由料槽、电磁激振器、减震器组成。激振器又由电磁铁（铁芯和线圈）、衔铁和装在两者之间的主振弹簧等构成，是产生振动的激振源，激振器的工作可以通过一定的控制装置进行控制。

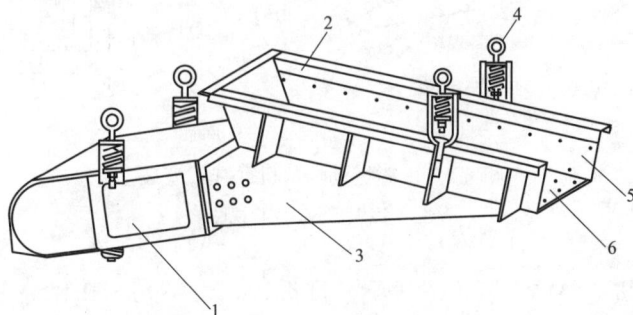

图 6-1　电磁振动给料机

1—电磁激振器；2—料槽；3—振动支座；4—减震器；5—边衬板；6—底衬板

1. 电磁振动给料机特点

电磁振动给料机结构简单，操作方便，耗电量小，可以均匀地调节给料量。根据设备性能要求，配置设计时应尽量减少物料对槽体的压力，按制造厂要求，仓料的有效排口不得大于槽宽的 1/4，物料的流动速度一般控制在 6～18m/min，对给料量较大的物料，料仓底部排料处应设置足够高度的拦料板，为不影响给料机的性能，拦料板不得固定在槽体上。为使料仓能顺利排出，料仓后壁倾角最好设计为 55°～65°。

2. 电磁振动给料机用途

电磁振动给料机一般用于矿山行业，电磁振动给料机是一种较新型的定量给料设备，电磁振动给料机能适应于连续性生产的要求，因此已广泛应用于矿山、冶金、煤炭等行业。

3. 电磁振动给料机的工作原理

激振器电磁线圈的电流是经过单相半波整流的，当线圈接通后在正半周内有电流通过，衔铁与铁芯之间便产生了一脉冲电磁力互相吸引，这时槽体向后运动，激振器的主弹簧发生变形储存了一定的势能，在负半周线圈中无电流通过，电磁力消失，主弹簧释放能量，使衔铁和铁芯朝反方向离槽体向前运动，于是电磁振动给料机以交流电源的频率作每分钟 3000 次的往复振动，由于槽体的底平面与激振力作用线有一定的夹角，所以槽体中的物料沿抛物线的轨迹连续不断地向前运动。调节整流电压的高低，即可控制电磁振动给料机的送料量。给料机采用可控硅整流供电。改变可控硅的导通角，即可控制输出电压的高低。根据使用条件，可取不同信号来控制可控硅导通角的大小，以达到自动定量送料的目的。

4. 电磁振动给料机的安装方式

电磁振动给料机一般采用悬挂式安装（见图6-2），吊杆应安装在具有足够刚性的结构上，为了减少电磁振动给料机的横向摆动，悬挂吊杆应向外张开 10°左右布置。对于大型给料机，为了维修和更换料槽方便，还应设置移动滑架。

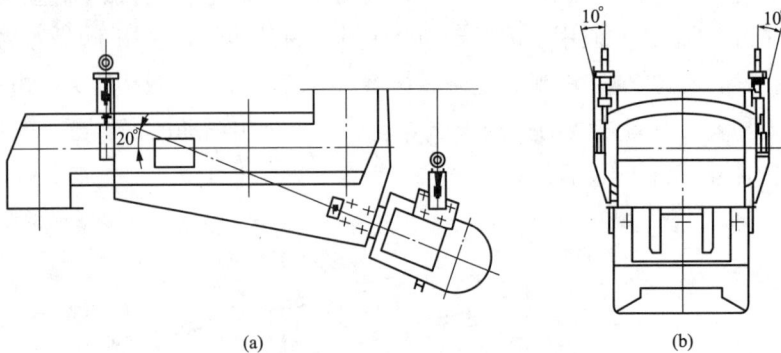

图 6-2　电磁振动给料机悬挂式安装

(a) 主视图；(b) 侧视图

电磁振动给料机应整体安装，一般不允许拆卸，也不允许在机器上固结任何刚性附件。电磁振动机封闭式机身可防止粉尘污染，振动平稳、工作可靠，寿命长。安装时应给设备周围留有一定的活动空间，避免工作时与其他设备碰撞，一般长度方向的空间最小为50mm，宽度方向为 25mm。

电磁振动给料机槽体可以水平安装（见图6-3），也可以倾斜安装，其给料能力与下倾角度成正比，但下倾角过大容易引起物料自流，难以保证给料精度。因此，应根据物料的性质来确定是向上倾斜、向下倾斜，还是水平放置。

安装后给料机横向应处于水平状态，避免给料机工作时物料向一侧偏移，并保证所有紧固螺栓牢固。

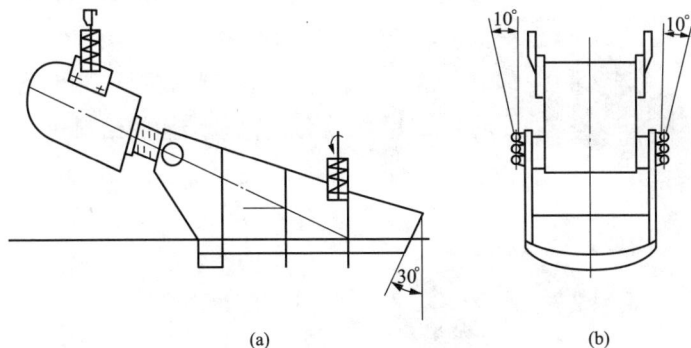

图 6-3 电磁振动给料机水平式安装

(a) 主视图；(b) 侧视图

5. 电振动给料机维护方法及注意事项

经常检查给料槽振幅和线圈电流，注意机器的响声是否正常，如果发现声音突然变大或发现有撞击声，应立即停机处理，并仔细分析原因。铁芯与衔铁之间气隙任何时间必须保持平衡，应随时检查螺栓是否松动、间隙是否正常，如果板弹簧顶紧螺栓松动或板弹簧断裂，铁芯与衔铁之间气隙发生变化或撞击，要立即处理。

经常检查吊装器是否松动，吊装器如有松动会使电磁振动给料机四角不平衡，影响给料质量，应立即紧固。

振动器的密封罩必须盖好，以防灰尘进入，堵塞板弹簧之间的间隙，并要经常清理密封罩积灰。

经常检查给料机润滑，确保给料机设备正常工作，有助设备高效高产运行。

（1）给料机润滑中应注意的事项

1）给料机采用稀油飞溅润滑，润滑油应根据使用地点、气温等因素决定，一般采用齿轮油。

2）应保证激振器中的稀油面高于油标高度，每 3～6 个月必须更换一次润滑油，换油时应用洁净的汽油或煤油清洗油箱、轴承滚道及齿轮表面。

（2）振动给料机的安全事项

1）振动给料机运行人员必须经安全技术教育，方可操纵。

2）运转时，严禁机边立人，用手触摸机体、调整、清整、清理或检验等。

3）机器设备应接地，电线应可靠绝缘，并装在蛇皮管内，经常检查电动机接线是否磨损和漏电。

二、棒条振动给料机

棒条振动给料机（见图 6-4）具备双激振器的结构特点，保证设备能承受大块物料下落的冲击，给料能力大。在生产流程中可以把块状、颗粒状物料从贮料仓中均匀、定时、连续地给到受料装置中去，从而防止受料装置因进料不均而产生死机的现象，延长了设备使用寿命。棒条给料机可分为钢板结构和篦条结构，钢板结构给料机多用于砂石料生产线，将物料全部、均匀地送入破碎设备；篦条结构的给料机可对物料进行粗筛分，使系统在配制上更经济、合理，在破碎筛分中已作为必不可少的设备。广泛应用于冶金、煤矿、选矿、建材、化工、磨料等行业的破碎、筛分联合设备中。

棒条振动给料机振动平稳、工作可靠、噪声低、耗能小、无冲料现象、寿命长、维护保养方便、重量轻、体积小、设

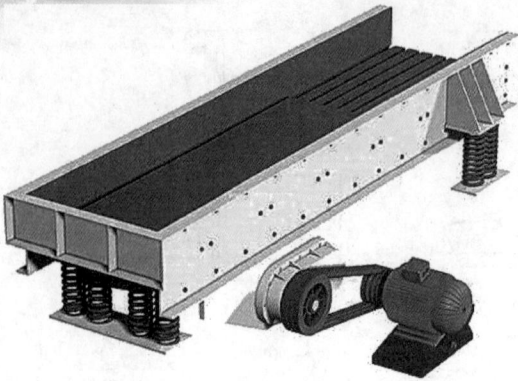

图 6-4　棒条振动给料机

备调节安装方便、综合性能好，当采用封闭式结构机身时可防止粉尘污染。

1. 棒条振动给料机特点

（1）振动平稳、工作可靠、寿命长。

（2）可以调节激振力，随时改变和控制流量，调节方便、稳定。

（3）振动电动机为激振源，噪声低，耗电小，调节性能好，无冲料现象。

（4）结构简单，运行可靠，调节、安装方便。

（5）重量轻，体积小，维护保养方便，当采用封闭式结构机身时可防止粉尘污染。

2. 棒条振动给料机适用范围

棒条振动给料机在生产流程中，可把块状、颗粒状物料从贮料仓中均匀、定时、连续地给到受料装置中，在砂石生产线中，可为破碎机连续、均匀地给料，并对物料进行粗筛分，广泛用于冶金、煤矿、选矿、建材、化工、磨料等行业的破碎、筛分。

3. 棒条振动给料机工作原理

棒条振动给料机主要由一对性能参数完全相同的振动电动机为激振源，当两台振动电动机以相同的角速度做反向运转时，其偏心块所产生的惯性力在特定的相位重复叠加或抵消。从而产生巨大的合成激振动力，使机体在支承弹簧上做强制振动，并以此振动为动力，带动物料在料槽上做滑动及抛掷运动，从而使物料不断前移而达到给料的目的。当物料通过槽体上的筛条时，较小物料可透过筛条间隙落下，不经过下道的破碎工序，起到筛分的效果。

4. 给料机运行注意事项规程

（1）给料机应按规定的安装方法安装在固定的基础上。移动式给料机正式运行前应将轮子用三角木楔住或用制动器刹住。以免工作中发生走动，有多台给料机平行作业时，机与机之间，机与墙之间应有一定的空间。

（2）给料机使用前须检查各运转部分、胶带搭扣和承载装置是否正常，防护设备是否齐全。胶带的张紧度须在启动前调整到合适的程度。

（3）给料机应空载启动，等运转正常后方可入料，禁止先入料后启动。

（4）有数台给料机串联运行时，应从卸料端开始，顺序启动。全部正常运转后，方可

入料。

（5）停车前必须先停止入料，等胶带上存料卸尽方可停车。

（6）给料机电动机必须绝缘良好。不要乱拉和拖动移动式给料机电缆。电动机要可靠接地。

三、螺旋给料机

螺旋给料机（见图 6-5）是集粉体物料稳流输送、称重计量和定量控制为一体的新一代产品；适用于各种工业生产环境的粉体物料连续计量和配料，采用了多项先进技术，运行可靠，控制精度高；尤其适用于建材、冶金、电力、化工等行业粉体物料的连续计量和配料。螺旋给料机适用于水平或倾斜输送粉状、粒状和小块状物料，如煤矿、灰、渣、水泥、粮食等，物料温度小于 200℃。不适于输送易变质的、黏性大的、易结块的物料。

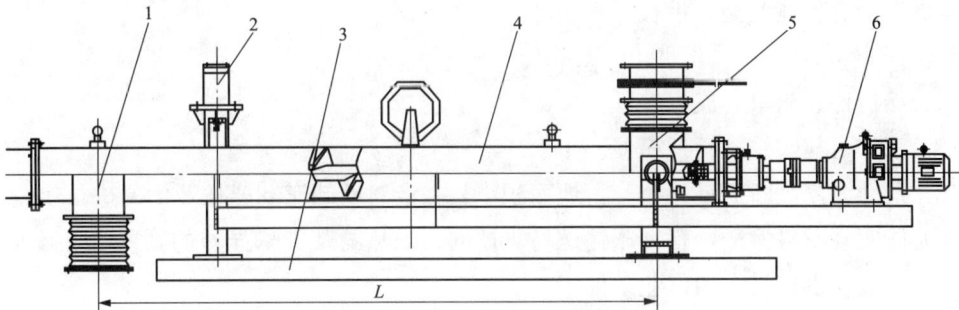

图 6-5　螺旋给料机
1—出料口；2—称重装置；3—底座；4—机体；5—进料口；6—驱动装置

螺旋给料机称重计量主要通过称重桥架对经过的物料进行重量检测，以确定胶带上的物料重量，装在尾部的数字式测速传感器，连续测量给料机的运行速度，该速度传感器的脉冲输出正比于给料机的速度，速度信号和重量信号一起送入给料机控制器，控制器中的微处理器进行处理，产生并显示累计量/瞬时流量。该流量与设定流量进行比较，由控制仪表输出信号控制变频器改变给料机的驱动速度，使给料机上的物料流量发生变化，接近并保持在所设定的给料流量，从而实现定量给料的要求。

螺旋给料机能够实现物料密闭输送，密封性较好，能避免粉尘对环境的污染，改善劳动条件，具有给料稳定，可实现锁气的特性，也可消除物料的回流现象，螺旋给料机也可根据使用要求设计成水平输送、倾斜输送、垂直输送，可降低设备的制造成本。

1. 结构特点

螺旋给料机驱动端轴承、尾部轴承置于料槽壳体外部，减少了灰尘对轴承的影响，提高了螺旋给料机关键件的使用寿命。螺旋给料机中间吊挂轴承采用滑动轴承，并设防尘密封装置，螺旋给料机密封件用尼龙或塑料，因而密封性能好，耐磨性强，阻力小，寿命长。螺旋给料机滑动轴承的轴瓦有粉末冶金、尼龙和巴氏合金，可根据不同需要选用，螺旋给料机进、出料口的灵活布置使其适应性更强。

螺旋给料机通常由驱动装置、头节、中间节、尾节、头尾轴承、进出料装置等几部分组成，如条件允许，最好将驱动装置安放在出料端，因驱动装置及出料口装在头节（有止推轴承装配）时较合理，可使螺旋处于受拉状态。其中头节、中间节、尾节每个部分又有几种不同的长度。螺旋给料机各个螺旋节的布置次序最好遵循按螺旋节长度的大小依次排列和把相同规格的螺旋节排在一起的原则，安装时从头部开始，顺序进行。螺旋给料机在总体布置时还应注意，不要使底座和出料口布置在机壳接头的法兰处，进料口也不应布置在吊轴承上方。

2. 工作原理

螺旋给料机工作原理是旋转的螺旋叶片将物料推移而进行螺旋输送机输送，当螺旋轴转动时，受物料的重力及其与槽体壁所产生的摩擦力，使物料只能在叶片的推送下沿着输送机的槽底向前移动，物料在中间处的运移，则是依靠后面前进着的物料的推力，物料在输送机中的运送，完全是一种滑移运动。螺旋输送机旋转轴上焊的螺旋叶片的面型根据输送物料的不同有实体面型、带式面型、叶片面型等型式。

3. 主要特点

（1）结构比较简单，成本较低。

（2）工作可靠，维护管理简便。

（3）尺寸紧凑，断面尺寸小，占地面积小，在港口的卸车卸船作业中易进、出舱口。

（4）能实现密封输送，有利于输送易飞扬的、炽热的及气味强烈的物料，可减小对环境的污染，改善港口工人的作业条件。

（5）装载卸载方便，水平螺旋输送机可在其输送线路上的任一点装载卸载；对垂直螺旋输送机配置相对螺旋式取料装置可具有优良的取料性能。

（6）能逆向输送，也可使一台输送机同时向两个方向输送物料，即集向中心或远离中心。

（7）单位能耗较大。

（8）物料在输送过程中研碎及磨损，造成螺旋叶片和料槽的磨损较为严重。

4. 技术指标

（1）计量精度：≤±1%。

（2）控制精度：≤±2%。

（3）调速范围：10∶1。

（4）工作方式：连续。

第二节 给料机维护标准

一、设备使用规程

（一）设备交接使用规定

（1）必须交接设备的运行、机件磨损、运行声音、温度等异常情况。

（2）设备故障的处理情况及更换零件、下一班应注意的事项等应交接清楚。

（3）交班前必须将设备擦拭一次，做到无积尘、无油污、机旁无杂物。

（4）本班设备巡检及操作中发现的问题必须认真填写设备缺陷记录并向下班介绍。

（5）接班人员要认真听取交接班人的介绍，并对设备进行仔细检查。

（6）接班人查出的问题要与交班人共同协商处理，并向相关人员汇报，做好记录。

（二）操作设备的步骤

1. 开机前的准备

（1）操作人员必须懂得设备的技术性能，并持有操作牌方可操作。

（2）操作前先检查设备是否完整齐全、电气线路连接是否可靠，无问题再开机。

（3）检查给料器吊挂螺栓连接是否牢固，无问题再开机。

2. 开机操作

（1）接料胶带启动运转正常后，打开给料器开关。

（2）观察下料情况，调整下料闸口，达到正常给料。

3. 停机操作

（1）给料器停机前，先关闭下料闸口。

（2）下料闸口无下料时，再关闭给料器，停机后要切断电源。

（3）停机后要将给料器上灰尘清扫干净。

（4）开机时如遇下料口堵塞或异物卡住、下部带式输送机堆料等异常现象，应立即停机处理。

（三）设备使用中的安全注意事项

（1）不许任意拆除或改动设备的安全防护装置。

（2）未经批准不得随意在设备结构上焊接或切割。

（3）设备运行中如发现给料机下料不畅，应马上停机处理。

（4）不准带电排除故障。

（5）电气设备着火时应立即切断电源，用干粉灭火器灭火，不准用水式泡沫灭火器灭火。

（四）设备运行中故障的排除

（1）设备运行时，发现给料机不振，应马上停机通知电工检查处理。

（2）料仓下料不畅或发现有异物堵塞下料口，要停机后及时疏通。

（3）运行中声音不正常，应马上停机检查处理。

（4）吊挂拉杆弹簧、螺栓应经常检查，避免松动、脱落、断裂，发现问题马上处理。

二、设备维护规程

（一）设备润滑五定图表

振动给料机部件润滑表见表 6-1。

表 6-1　　　　　　　　　　　　　　振动给料机部件润滑表

润滑部位	加油点数	润滑方法	油脂品种牌号	加油		换油	
				周期	油量	周期	油量
振动电动机轴承	2	填充	2号锂基脂	6个月	0.5kg	12个月	0.5kg

（二）定时清扫设备的规定

（1）交班前必须对设备清扫一次，做到机上无积尘、地面无杂物。

（2）做到设备无积尘。

（3）电闸箱要干净，设备齐全。

（4）现场不堆放其他物品。

（三）设备使用中的检查

1. 巡检的有关规定

（1）检查设备要仔细、全面，按要求的内容、标准，发现问题要做好记录，及时处理。

（2）重点部位要重点检查，认真"听、看、摸、敲"，掌握运行状态。

（3）每班至少检查两次，并做好记录。

2. 巡检路线

料仓闸板 → 给料器本体 → 吊栓拉杆 → 电闸箱。

3. 检查内容

振动给料机检查表见表 6-2。

表 6-2　　　　　　　　　　　　　　振动给料机检查表

序号	检查部位	检查内容	标　准　要　求
1	下料口	结构	预埋螺栓无损坏，内衬灰绿岩砖无脱落
		溜槽	无严重腐蚀，无开裂损坏，内衬砖无脱落
		闸板	无严重磨损、变形，开关灵活、可靠
2	给料器	结构	结构完整，不磨损开裂，衬砖无脱落
		吊挂装置	吊挂拉杆连接牢固，无严重腐蚀，弹簧无断裂
3	电闸箱	接线	正确、牢固、无虚接
		开关	开关、按钮灵敏可靠
		电源电压	电压、电流符合标准要求
		外观	整洁干净，内无杂物

（四）主要易损件报废标准

振动给料机易损部件见表 6-3。

表 6-3　　　　　　　　　　　　　　振动给料机易损部件表

序号	零 件 名 称	报 废 标 准
1	吊挂、吊钩、吊环、拉杆（钢丝绳）	有裂纹，断面磨损超过 10%
2	给料盘内衬砖	破损
3	炭仓闸板	磨损、腐蚀严重，开关不灵活

（五）设备维护中的安全注意事项

（1）检修或处理故障时必须严格执行工作票等相关制度。

（2）检修和处理故障时必须停机，切断电源。

（3）检修时要制定好安全措施。

（4）检修后试车时，要协调、确认好再启动。

（5）检修后更换的零部件有何特殊操作要求，要与操作人员交代清楚，并做好记录。

（六）检修安装规程

振动给料机检修周期见表 6-4。

表 6-4　　　　　　　　　　振动给料机检修周期

项目	小修	中修	大修
周期	3 个月	2 年	10 年
工期（h）	8	48	80

1. 给料机的安装

给料机一般为悬挂式安装，其中振动器的悬挂杠杆应垂直吊挂，为了减少给料机的横向摆动，给料槽悬挂吊杆要向外张开 10°布置。4 个吊杆要安装在具有足够刚性的结构上。对于大型给料机为了维修和更换料槽方便，还要设置移动滑架。

安装时一般不要拆卸安装，安装后的给料机周围应有一定的游动间隙，使给料机处于自由状态。安装后的给料机横向应水平，以防工作时物料向一侧偏移。

给料机槽体可以水平安装，也可以倾斜安装。它的给料能力与下倾角度成正比，每变化 1°，给料能力变化 3%。为保证给料量的均匀、稳定，电子秤用给料机应水平安装使用，以防物料自流。

铁芯与衔铁之间的间隙为气隙，一般在 1.8~2.0mm，在使用时可以根据给料量大小适当缩小或扩大。但是气隙过大会减小振幅，增大电流和功率消耗；气隙过小会造成衔铁与铁芯的撞击，损坏部件。

在确定合适的气隙时，还要使铁芯与衔铁的工作面互相平行，保证激振力的作用线通过给料机槽体的重心。同时，要注意使电磁振动器的中心线与槽体的中心线在一垂直平面内，否则给料机工作时要发生偏斜。

2. 弹性系统的调谐

弹性系统的调谐是通过板弹簧组的片数来实现的。首先拧紧板弹簧的顶紧螺栓并松开装配用的连接叉定位螺栓，接通电源，调节电位器旋钮，逐渐增加电流，同时观察振幅指示牌显示的振幅。如果电流达到额定值时振幅偏小，则应首先把板弹簧的顶紧螺栓少许放松，这时如果振幅增大，电流下降，说明板弹簧组刚性偏大，应适当减少板弹簧片数。如果顶紧板弹簧的螺栓放松之后，振幅更加减小，说明板弹簧组刚性偏低，应适当增加弹簧片数。如果初开车时，当电流达到额定值时振幅偏大，并超过额定值，说明板弹簧组刚性偏低，也应适当增加弹簧片数。如此反复，直到振幅和电流达到额定值为止。

3. 振幅的测量

振动给料机振幅指示牌如图 6-6 所示，当指示牌与槽体一起振动时，由于视觉暂留，直角边与斜边形成一个交点，对应的标尺数即为被测槽体的双振幅值。如图 6-6 所示，当双振幅为 2mm 时，交点就对应在标尺 2 处。

初次开动给料机前，应先将电位器旋钮调至"零"位，接通电源后逐渐增大电流，直至额定值，以防烧坏控制箱和线圈。

给料机出厂前一般已进行了不少于 4h 的空载试车。在安装调整完毕后，还要进行短期试运转。在试运转过程中，振幅和电流应该是稳定不变的。

4. 给料量的调节

调节给料机的振幅。在额定振幅范围内，通过转控电位器旋钮或输入自动控制信号可以直接调节振幅，从而无级地调节给料机的给料量。调节料仓闸门的开度，改变料层厚度，也可以调节给料量。

在加料精度有保障的情况下，单台给料机的加料速度越快越好。但在使用多台给料机的自动化配料线上，要使这些给料机排料速度相互匹配，以使各种原料均匀地混合。

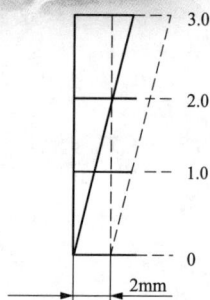

图 6-6 振动给料
机振幅指示牌

5. 运行过程中的维护

给料机在运行过程中必须经常检查给料槽振幅和线圈电流，如果板弹簧顶紧螺栓松动或板弹簧断裂，铁芯与衔铁之间气隙发生变化或撞击，要立即处理。给料机刚开始运行时，检查次数要适当增加。要特别留心给料机的声音，如果声音突然变大，要仔细分析原因。振动器的密封罩必须盖好，以防板弹簧之间的间隙堵塞。

（七）给料机日常保养工作

（1）给料机在运行过程中应经常检查振幅、振动电动机的电流和电动机表面温度，要求前后振幅均匀，不左右摆摇，振动电动机电流稳定，如发现异常情况，应立即停机处理。

（2）振动电动机轴承的润滑也是整台给料机正常工作的关键，在使用过程中应定期对轴承加注二硫化钼 2 号润滑脂，每两个月加注一次，高温季节每月加注一次，每半年拆修一次电动机，更换内部轴承。

（3）振动给料机结构简单、坚固耐用，安装需要放于平稳的地方，以防碰到异物导致故障。

（4）给料机在平时不用的时候要用雨布覆盖，一是防止灰尘，二是防止下雨。

（5）在工作的时候特别要注意发电机过热运行。

（6）给料机如用于配料、定量给料时，为保证给料的均匀稳定，防止物料自流应水平安装，如进行一般物料连续给料，可下倾 10°安装。对于黏性物料及含水量较大的物料可以下倾 15°安装。

（7）安装后的给料机应留有 20mm 的游动间隙，横向应水平，悬挂装置采用柔性连接。

（8）空试前，应将全部螺栓坚固一次，尤其是振动电磁的地脚螺栓，连续运转 3～5h，应重新紧固一次。试车时，两台振动电动机必须同向旋转。

（9）给料时在运行过程中应经常检查振幅、电流及噪声的稳定性，发现异常应及时停车处理。

（八）给料机的安全操作规程

（1）专职人员应对熟悉设备，遵守设备操作维护、安全卫生的规定。

（2）专职人员在开始工作之前应该对设备进行仔细的检查，检查各部位的螺栓是否松动等，检查是否有异常情况。

（3）振动给料机开启应遵循工艺系统顺序，切记带负荷启动。

（4）给料机运行中应该经常检查给料机的负载情况，适当给料，同时实时检查轴承的温度。

（5）振动给料机停止运转后应及时清理机面和给料机周围的工作环境。

（6）给料机的安全规程及注意事项应明确。

（7）给料机操作人员，须经安全技术教育。

（8）运转时，严禁机边立人，用手触摸机体、调整、清整、清理或检修等。

（9）机器设备应接地，电线应可靠绝缘，并装在蛇皮管内，经常检查电动机接线是否磨损和漏电。

第三节　给料机常见故障及处理方法

一、电磁振动给料机的故障及处理方法

电磁振动给料机是给料机设备中最新研制出的机型，功率大、节能高效，耐磨损性质好，使用寿命长。电磁振动给料机像其他的机械设备一样需要良好的维修保养才能降低故障的发生频率与发生的可能性。如下是电磁振动给料机的常见的故障及其解决方案的解析。

（1）电磁振动给料机振动幅度小，激振器无法正常调节振幅。激振器可控硅被过大的电压电流击穿或设备部件之间的气隙被多余物料堵塞后容易出现这种情况。需要对堵塞的物料进行及时清理，更换激振器可控硅。需要注意的是，电磁振动给料机在长时间运行后可控硅的电磁线圈匝间会发生短路，使可控硅的整流器烧毁，造成设备停机，需要对可控硅的电磁线圈进行及时更换。

（2）电磁振动给料机工作时产生噪声和撞击声。当设备振幅不规则的时候，容易产生异常撞击。电磁振动给料机的板弹簧发生断裂或激振器和槽体的连接螺栓断裂松动都会造成设备振动不规则，要及时拧紧或更换新的连接螺栓和弹簧结构，并保持设备零部件如铁芯和衔铁之间一定的气隙，同时需要调整电动机控制，保持额定工作电压，避免机器部件在振动过程中发生相互碰撞和电压不稳定。

（3）给料机效率下降。当电磁振动给料机空载试车正常后，正常生产时振幅降低，工作效率低，很可能是由于设备的进料口设计不当，设备的料槽承受过大的负荷和压力。此时要及时对进料口进行改进，减少设备进料压力，保证设备在稳定的生产环境下进行工作。

（4）运行电流不稳定。在电磁振动给料机接通电源后，设备不振动或间歇性工作，电

流不稳定。电磁振动给料机的振动电动机熔丝烧断或者线圈导线短路都会直接影响设备的正常运转，导致电磁振动给料机不产生振动，要及时更换新的熔丝，对振动电动机的线圈层间或匝间进行检查，排除短路现象，接好引出线路。

二、螺旋给料机常见故障以及处理

1. 螺旋给料机堵料

（1）合理选择螺旋给料机的各技术参数，如慢速螺旋输送机转速不能太大。

（2）严格执行操作规程，做到无载启动，空载停车；保证进料连续均匀。

（3）加大出料口或加长料槽端部，以解决排料不畅或来不及排料的问题。同时，还可在出料口料槽端部安装一小段反旋向叶片，以防端部堵料。

（4）对进入螺旋给料机的物料进行必要的清理，以防止大杂物或纤维性杂质进入机内引起堵塞。

（5）尽可能缩小中间悬挂轴承的横向尺寸，以减少物料通过中间轴承时堵料的可能。

（6）安装料仓料位器和堵塞感应器，实现自动控制和报警。

（7）在卸料端盖板上开设一防堵活门。发生堵塞时，由于物料堆积，顶开防堵门，同时通过行程开关切断电源。

2. 螺旋给料机驱动电动机烧毁

（1）螺旋给料机输送物料中有坚硬块料或小铁块混入，卡死绞刀，电流剧增，烧毁电机。处理方法是防止小铁块进入和使绞刀和机壳保持一定间隙。

（2）来料过大，电动机超负荷而发热烧毁。处理方法是喂料均衡并在停机前把物料送完。

3. 螺旋给料机机壳晃动

螺旋给料机安装时各螺旋节中心线不同心，运转时偏心擦壳，使外壳晃动，处理方法是重新安装、找正中心线。

4. 螺旋给料机悬挂轴承温升过高

（1）位置安装不当。处理方法是调整悬挂轴承的位置。

（2）坚硬大块物体混入机内产生不正常摩擦。处理方法是清理异物，试车至正常为止。

5. 螺旋给料机溢料

（1）物料水分大，集结在螺旋吊轴承上并逐渐加厚，使来料不易通过。处理方法是加强原料烘干。

（2）物料中杂物使螺旋吊轴承堵塞。处理方法是停机，清除机内杂物。

（3）传动装置失灵，未及时发现。处理方法是停机，修复传动装置。

6. 螺旋轴连接螺栓松动、跌落和断裂

运行时歇受力不匀，引起螺栓松动、跌落或冲击断裂。处理方法是提高螺栓连接的强度。

7. 螺旋给料机螺旋叶片撕裂

由于原料中异物等可造成螺旋叶片损坏，严重时螺旋叶片与螺旋轴焊接处脱焊，形成螺旋叶片撕裂，螺旋叶片损坏需提高备件质量和强度，在备件制作时要保证叶片的一致性，焊缝密实可靠，避免夹渣、气孔等缺陷，保证焊接质量，同时提高螺旋轴及传动轴的强度。

8. 螺旋给料机法兰焊口扭裂

由于异常扭矩的产生，连接法兰焊接失效，处理方法是保证设备安装精度，不管是法兰连接还是花键连接，都要保证螺旋体的安装位置精度，安装后应接线调试，确定螺旋转向，声音有无异常。试运转后检查电动机、减速机、轴承温升，一切正常后，开动手动螺旋料仓闸门逐渐加料，经过调试后，使螺旋运转平稳。

9. 螺旋轴裂缝

由于长期运行磨损，抗扭强度降低，形成裂纹、裂缝。处理方法是加强设备维护，防止螺旋轴磨损断裂，严格控制原料质量，避免异物进入输送机；定期对润滑部位进行润滑维护；加强驱动装置的点检和维护；对螺旋叶片质量进行定期检测，螺旋叶片异常磨损，螺旋轴变形，强度降低时，及时更换并分析原因加以防患；发现联结件松动及时紧固；设备运行出现发热、噪声等异常现象及时检查，清理异物，修整螺旋或溜槽。

10. 螺旋轴输入轴段断裂

由于螺旋给料机安装时，螺旋轴同轴度超差或选轴时安全系数偏低等引起，根据生产需要进行设备改造维护，当工艺变化，超出设备性能范围时，继续运行会造成设备快速损坏，甚至满足不了生产工艺要求，影响正常生产。需要根据实际情况和现场条件，对零部件进行大修更换，如变更驱动系统、改变传动比、提高备件材料性能或尺寸变化，直至更换设备。

思考题

1. 简述电磁振动给料机的结构和工作原理。
2. 简述振动给料机维护方法及注意事项有哪些。
3. 简述螺旋给料机堵料的主要原因。

第七章

采 样 机

第一节　入厂煤采样机设备

入厂煤采样机设备按照安装部位主要分为入炉煤采样机、汽车采样机、火车采样机几种型式，采样机设备主要由桥式行走机构、螺旋采样机、环锤式破碎装置、旋分式缩分器、样品收集器等组成。

（一）桥式行走机构

桥式行走机构包括大车行走机构、小车行走机构、电气控制系统等。

桥式行走机构机体包括主梁、端梁、主动轮组、从动轮组、驱动装置（机）、缓冲器、检修平台（含护栏）、电动机、控制部件、保护部件等。

（二）螺旋采样机

螺旋采样机是用来从料堆中全断面采取散状物料的设备。它由电动机通过减速机驱动螺旋钻将料样从料堆中全断面截取出，并将料样顺利送入下级设备。样品增加或减少是通过改变每一时间周期内的采样次数而定的。

工作原理：物料依靠适当的螺旋转速（大于临界转速）引起的离心力的作用，物料向螺旋叶片边缘移动，压在输送管壁上，使作用于输送管壁上的侧压力增加，输送管壁与物料的摩擦力随之增大，该摩擦力阻止物料随螺旋叶片一起旋转，并与螺旋产生相对运动，从而实现物料的上升运动。

螺旋采样机机体包括螺旋采样头及电动升降装置两大部分。

（1）螺旋采样头。它由螺旋驱动装置、螺旋钻、螺旋导料筒、集样斗等组成（见图7-1）。螺旋采样头具有缩分、破碎等功能。

1）驱动装置：采用减速器、电动机一体机，具有占用空间小、安装、维修方便等优点。

2）螺旋钻：下端装有合金钻头，可将大块物料破碎，有利于采样的顺利进行。

3）螺旋导料筒：底部独特的支撑结构设计，有利于螺旋采样机的正常工作，同时可有效地保护车厢不被损坏。

4）集样斗：分为样品收集斗和弃样溜槽。样品收集斗闸门用电动推杆控制，安全可靠。

（2）电动升降装置。它由升降驱动装置、链条传动机构、升降小车及框架等组成，见图7-1。

升降驱动装置牵引链条作闭式往复运动，带动升降小车完成螺旋采样头的上下运动。

升降驱动装置采用减速器、电动机一体机。此处驱动电动机为制动电动机，同时电动机尾部带有手轮，必要时可手动将螺旋采样头从料堆中提起。

（三）环锤式破碎机

物料进入环锤式破碎机的破碎腔后，在高速旋转的锤环冲击力作用下被初碎。初碎的物料获得动能，高速冲向破碎板，再次被撞碎。与此同时，物料之间也产生相互撞击的破碎作用。被破碎后的小块物料在筛网（条）上再次受到旋转锤环的挤压、剪切、滚碾、研磨作用而被细碎，最后从筛孔排出。不能破碎的杂物（如铁块等），被送进除铁室。

环锤式破碎装置主要由壳座、驱动电动机、检测装置等部分组成，见图7-2。

（1）壳体：主要包括机座、带轮护罩、上部箱体、下部箱体等。

（2）机座：采用成型钢焊接而成，具有结构简单、承载能力大、刚性及稳定性好等特点。

（3）箱体：箱体分为上部箱体和下部箱体两部分，采用全密封结构设计。整个密闭的箱体分上、下两部分，用螺栓连接成一体。箱体采用钢板焊接而成。箱体内破碎腔表面装有耐磨衬板。箱体设置快速检修门，为检修提供了方便。在破碎板的对侧设有除铁室。

（4）转子：破碎装置的核心部件由主轴、边

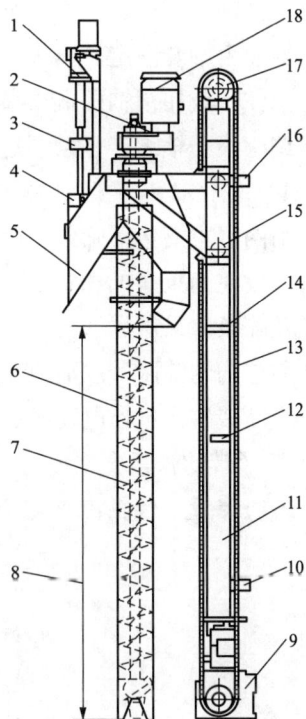

图7-1 螺旋采样机外形图

1—电动推杆；2—零速检测装置；
3—料门开限位；4—料门关限位；
5—集料斗；6—螺旋导料槽；7—螺旋体；
8—最大采样深度；9—升降驱动装置；
10—螺旋钻下限位；11—框架；12—名牌；
13—链条传动机构；14—标识牌；15—升降小车；
16—栏杆；17—编码器；18—螺旋驱动装置

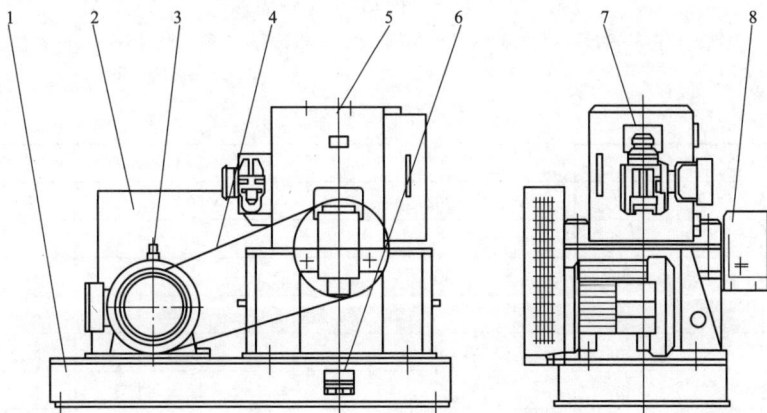

图7-2 环锤破碎机外形图

1—机座；2—带轮护罩；3—驱动电动机；4—V形带；5—箱体；6—名牌；7—安全标识；8—检测装置

环、锤头、销轴、隔板、挡板、轴套等组成,见图7-3。边环和隔板通过平键与主轴连接在一体,轴向由轴套固定。锤头按平衡配置原则,通过销轴悬挂在边环和隔板上,两侧挡板将销轴挡住(或在销轴两端安装开口销)。锤头在一边磨损之后可以换边使用。在主轴两边装有调心滚子轴承,主轴端通过带轮和V形带与电动机轴连接在一起。螺旋采样机参数见表7-1。

(5)筛网:主要包括筛条、筛条座和筛条压板等。

筛条:放在筛条座的槽内用压板压住,形成完整的筛网。筛条压板与箱体用螺栓连接。筛条及筛条座采用耐磨铸钢制成,筛条压板为耐磨钢板。对于MM3型破碎装置,可以配置3种结构的筛网,以适应不同粒度的要求。

(6)驱动装置:包括电动机、V形带、主从带轮等,电动机安装在机座上,通过螺杆可以调节V形带的张紧度。

(7)疏通装置:包括减速电动机、清扫器等,用以清除破碎板上黏附的物料,防止堵塞。

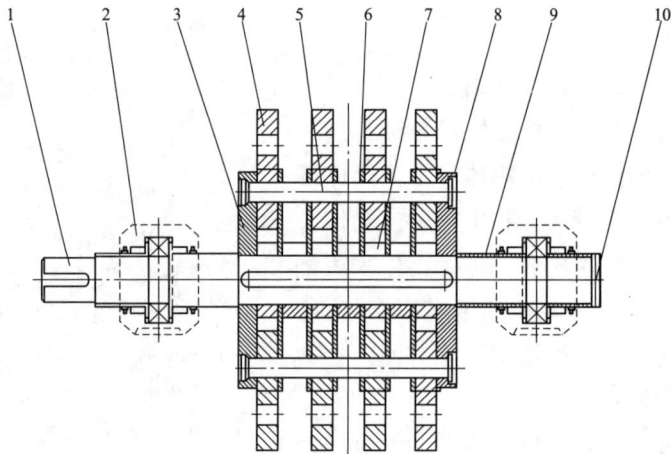

图7-3 采样机转子结构图

1—主轴;2—轴承支撑;3—边环;4—锤头;5—销轴;6—隔板;7—中环;8—挡板;9—轴套;10—挡块

表7-1 螺旋采样机参数

参数	单位	规 格		
设备型号		MM2	MM3	MM4
转子直径	mm	ϕ312	ϕ512	ϕ594
转子转速	r/min	950	927	933
适用物料		煤、煤矸石、石灰石等		
入料粒度	mm	$\leqslant$50	$\leqslant$100	$\leqslant$350
出料粒度	mm	$\leqslant$6	$\leqslant$3、6、13(可调)	$\leqslant$13
设备型号		MM2	MM3	MM4
出力	t/h	1	2~6	8
电动机功率	kW	3	15	30
疏通器功率	kW	0.37		

参数	单位	规　　格		
电源		AC 380V/50Hz		
整机重量	kg	450	1100	2100
外形尺寸（L×W×H）	mm	1356×1037×620	1765×1062×973	1950×1438×1075

（8）检测装置：由接近开关、信号板、支架及护罩等组成。用以检测破碎装置的运行状况，当出现异常或故障时，能及时发出故障报警信号或停止工作。

（四）旋分式缩分器

旋分式缩分器主要由缩分器机体和电气控制系统组成，旋分式缩分器机体包括壳体、主轴、分样锥、布料器、清扫器及驱动装置（机）等，见图7-4。

工作原理：由电动机通过减速机驱动主轴旋转，主轴上装有两级布料器，布料器1将从分料锥分流下来的物料混合后刮扫到下级分样盘上，在布料器2的刮扫下物料被均匀地刮扫到下部壳体中，在下部壳体侧壁上留有可调节的缩分接料口，从而实现连续、均匀从料流中缩分出具有代表性料样的功能。缩分比是通过改变缩分接口开口尺寸的大小来调整的。

壳体包括上部壳体、下部壳体及分样盘等，整个壳体设计为密封结构。

布料器采用弧形结构，可均匀、稳定地输送、分流物料。

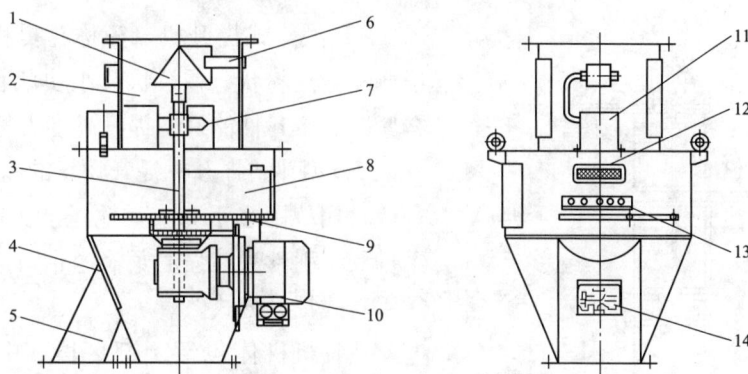

图 7-4　旋分式缩分器外形图

1—分样锥；2—上部壳体；3—主轴；4—缩分调节板；5—下部壳体；6—清扫器；7—布料器1；
8—布料器2；9—分样盘；10—驱动装置；11—检测装置；12—标识牌；13—刻度尺；14—铭牌

（五）样品收集器

样品收集器用于自动化收集、储存采集的物料样品。收集器配置多个收集罐，可以存储不同批次的料样。收集罐采用不锈钢材质制作、防尘密封结构设计，可有效防止样品的水分流失，保护样品不被污染。

当采制样系统处于工作状态时，样品收集器的进料口与一个收集罐的进料口对准，缩分下来的样品顺着溜槽被收集到样罐中。如果所采物料为同一批次，收集器会在样罐装满后自动换罐。如果所采物料的批次不同，收集器会根据系统设定的罐号自动换罐。

收集器罐号是由安装在收集器上的罐限位和原点限位来共同确定。收集器上方的限位为罐限位，下方为原点限位。在收集罐安放到位后，必须确保收集器旋转一周原点限位动作一次，而罐限位每个罐子动作一次。

罐号标定：当收集器旋转通过原点限位后，罐限位第一次动作，此时接料口下方的罐子为1号罐。当收集器再次运行，到达的下一罐为2号罐，以此类推。

样品收集器由驱动装置、机架、样品收集器、回转机构及检测装置等部分组成，见图7-5。

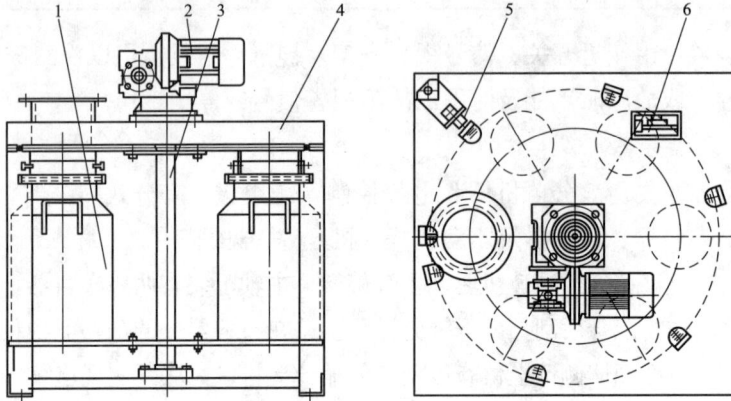

图 7-5　样品收集器外形

1—样品收集器；2—驱动装置；3—回转机构；4—机架；5—检测装置；6—铭牌

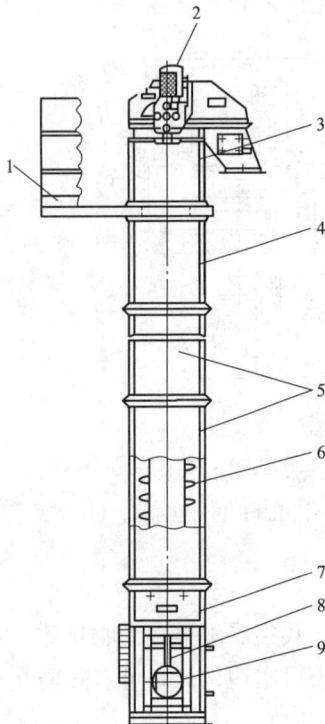

图 7-6　斗式提升机外形结构

1—检修平台；2—驱动装置；3—上部区段；
4—中部区段单独节；5—中部区段标准节；
6—输送单元；7—下部区段；
8—张紧装置；9—报警装置

（六）斗式提升机

TD型斗式提升机（简称斗提机）用于垂直或倾斜输送粉状、颗粒状及小块状物料。具有结构紧凑、密封性能好、提升高度大等优点。

TD型斗式提升机提升物料的高度可达40m，一般常用范围小于20m，输送能力在15m³/h以下。其牵引件为高强尼龙输送带，通常情况下采用垂直式提升方式。

斗提机机体包括上部区段、中部区段标准节、中部区段单独节、下部区段、检修平台、输送单元、驱动装置（机）及张紧装置等，见图7-6。

上部、中部及下部区段壳体全部为框架板材结构，具有承载能力强、密封效果好等优点。中部区段标准节的数量根据实际提升高度配置。中部区段单独节为调整段。

牵引带采用高强度尼龙带，具有较高的抗拉强度及良好的挠性。

驱动装置采用电动机、减速器一体机，具有占用空间小、维修方便等优点。另外，在主动滚筒的另一端配有超越止回器，用于防止输送带回行。

张紧装置由导向架、从动滚筒和螺旋机构组成，用于调整牵引带的张力，适度调整两侧张紧，可有效地调整胶带跑偏。

第二节　采样机常见故障及处理方法

一、常见故障及处理方法

（一）桥式行走机构常见故障

桥式行走机构常见故障见表 7-2。

表 7-2 　　　　　　　　　　　　桥式行走机构常见故障

序号	现象	原因	处理方法
1	无法启动	电源没有接通	检查并接通电源
		电气控制系统原因	检查电气控制系统
		电动机有故障	检查电动机和检测装置
2	运行时有异声和振动	轨道安装不良	重新调整
		安装螺栓松动	紧固安装螺栓
		润滑不良	加注润滑剂并润滑
		轴承损坏	更换轴承
3	减速电动机噪声大	润滑油不足	加入足量的指定润滑油
		齿轮磨损严重	修理，必要时更换减速机

（二）螺旋采样机常见故障

螺旋采样机常见故障见表 7-3。

表 7-3 　　　　　　　　　　　　螺旋采样机常见故障

序号	故障性质	原因	排除方法
1	无法启动	电源没有接通	检查并接通电源
		电气控制系统原因	检查电气控制系统
		电动机有故障	检查电动机和检测装置
2	设备振动	车轮与导轨接触不良	重新调整
		轴承损坏	重新更换轴承
		安装螺栓松动	锁紧安装螺栓
3	轴承温升过高	动轴承损坏	更换轴承
		润滑脂变质	清洗轴承换新润滑脂
		润滑脂不足	加入适量的润滑脂
4	减速电动机噪声大	润滑油不足	加入足量的指定润滑油
		齿轮磨损严重	修理，必要时更换新减速机

（三）螺旋输送机常见故障

螺旋输送机常见故障见表 7-4。

表 7-4 螺旋输送机常见故障

序号	现象	原因	处理方法
1	无法启动	电源没有接通	检查并接通电源
		电气控制系统原因	检查电气控制系统
		电动机有故障	检查电动机和检测装置
2	运行时有异声和振动	主轴安装不良	重新调整
		安装螺栓松动	紧固安装螺栓
		润滑不良	加注润滑剂并润滑
		轴承损坏	更换轴承
3	减速电动机噪声大	润滑油不足	加入足量的指定润滑油
		齿轮磨损严重	修理，必要时更换减速机

（四）环锤式破碎装置常见故障

环锤式破碎装置常见故障见表 7-5。

表 7-5 环锤式破碎装置常见故障

序号	现象	原因	排除方法
1	无法启动	电源没有接通	检查并接通电源
		电气控制系统原因	检查电气控制系统
		电动机有故障	检查电动机和检测装置
		V 形带打滑	增加 V 形带的张紧力
2	设备强烈振动	锤头失去平衡	重新调整垂头
		主轴轴承损坏	重新更换轴承
		主轴不同轴度或偏角过大	重新调整
		给料不均匀，转子失去平衡	调整给料装置
3	轴承温升过高	滚动轴承损坏	更换轴承
		润滑脂变质	清洗轴承换新润滑脂
		润滑脂不足	调整润滑脂
4	碎室内有异声	不易破碎的异物进入室内	清除异物
		筛条等件松动，与锤头干涉	调整筛条压板等
		销轴磨损过大	更换销轴
5	出料粒度大于要求	筛板与锤环间隙过大	重新调整破碎间隙
		筛板孔有折断处	更换新筛板
		垂头磨损过大	更换新垂头
6	出力明显降低，电动机电流超过额定值	给料不均匀	调整给料
		筛板孔堵塞	清理筛板孔
		进料口除堵塞	疏通进料口

（五）旋分式缩分器常见故障

旋分式缩分器常见故障见表 7-6。

表 7-6　　　　　　　　　　　　旋风式缩分器常见故障

序号	故障性质	原因	排除方法
1	无法启动	电源没有接通	检查并接通电源
		电气控制系统原因	检查电气控制系统
		电动机有故障	检查电动机和检测装置
2	减速电动机噪声变大	润滑油不足	加入足量的指定润滑油
		齿轮磨损严重	修理，必要时更换新减速机

（六）样品收集器常见故障

样品收集器常见故障见表 7-7。

表 7-7　　　　　　　　　　　　样品收集器常见故障

序号	现象	原因	处理方法
1	无法启动	电源没有接通	检查并接通电源
		电气控制系统原因	检查电气控制系统
		电动机有故障	检查电动机和检测装置
2	转动部位有异声和振动	安装不良	重新调整安装位置
		安装螺栓松动	紧固安装螺栓
		润滑不良	加注润滑剂并润滑
		主轴不同轴度偏差大	重新调整
3	样罐定位不准罐号不准	接近开关位置不合适	调整接近开关
		目标板位置不合适	调整目标板

（七）斗提机常见故障

斗提机常见故障见表 7-8。

表 7-8　　　　　　　　　　　　斗提机常见故障

序号	现象	原因	处理方法
1	不能启动	电源没有接通	检查并接通电源
		电气控制系统原因	检查电气控制系统
		电动机有故障	检查电动机和检测装置
		主动滚筒与胶带间打滑	增加胶带的张紧力
2	转动部位有异声和振动	安装不良	重新调整安装位置
		安装螺栓松动	紧固安装螺栓
		润滑不良	加注润滑剂并润滑
		轴承损坏	更换轴承
3	牵引带跑偏	胶带张紧力调整不当	调整螺旋张紧器
		主、从滚筒外面有物料粘结	清理滚筒表面附着的物料

思考题

1. 入厂采样机桥式行走机构主要包括哪些？
2. 简述螺旋采样机常见的故障、原因及处理方法。

第八章

输送带硫化胶接工艺

第一节　输送带硫化胶接工艺简介

一、硫化胶接的特点

硫化胶接对输送机胶带来说是最理想的接头方式，它具有如下的特点。

（1）胶接部位接合率高。

（2）运送物料不会从胶接部溢出。

（3）由于胶接部几乎与本体胶带相同，所以无论是长度、宽度方向和曲挠性都很好。

（4）运转时，不会发出像用金属搭扣连接那样的噪声。

（5）因为不会发生像用金属搭扣连接所引起的传热，所以不会导致胶接部的胶带劣化。

二、硫化胶接简介

输送机胶带是以成卷的形式运入使用场所的，因此，在使用时必须打开后引入机体，最后将两端进行硫化胶接形成环形。

织物芯胶带与钢丝芯胶带的胶接方法是不同的，其胶接模式如下。

1. 织物芯胶带的胶接模式

织物芯胶带的胶接是将两端加工成雌雄相合的阶梯状后进行成型、合拢（见图 8-1、图 8-2）。胶接部的强度比本体部小，从理论上讲，接头强度比为 $(N-1)/N$（N 为芯体层数）。

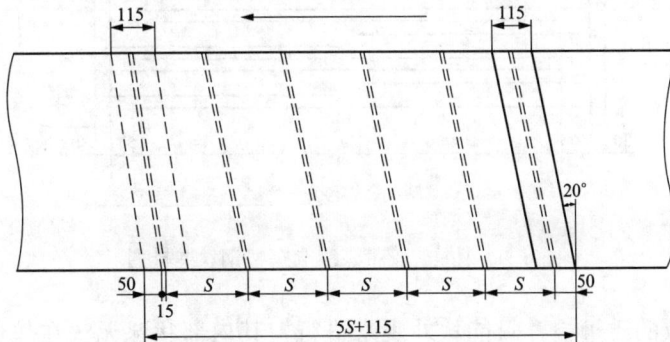

图 8-1　织物芯胶带接头阶梯（单位：mm）

S—阶梯长度

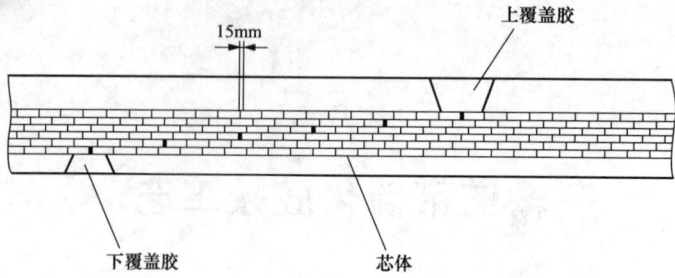

15mm

上覆盖胶

下覆盖胶　　　　芯体

图 8-2　织物芯胶带接头阶梯

2. 钢绳芯胶带的胶接模式

钢绳芯胶带的胶接与织物芯胶带胶接方式不同，钢绳芯两端胶带钢绳被剥离后，根据现场使用钢绳芯胶带的承载负荷，其胶接过程钢绳芯搭接方式分为以下 4 种排列方式，见图 8-3～图 8-6。

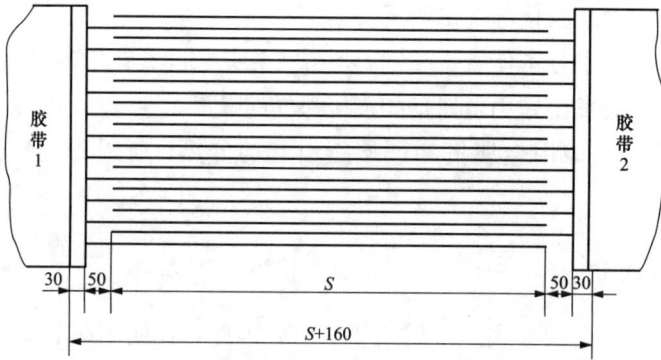

胶带1　　胶带2

30　50　　　S　　　50 30

S+160

图 8-3　钢绳芯胶带一级全搭接钢丝绳排列

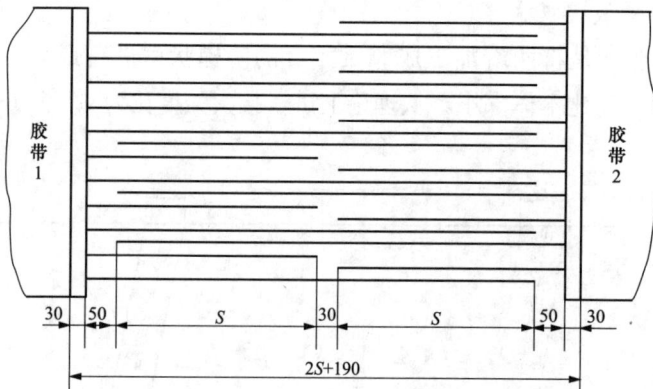

胶带1　　胶带2

30　50　　S　　30　　S　　50　30

2S+190

图 8-4　钢绳芯胶带二级全搭接钢丝绳排列

由于胶接部位的质量检查只能从外观来进行，其内部状况无法在作业结束后进行检查，所以每一道工序作业时必须做好记录，为了使每道工序能正确、顺利地进行，作业者必须掌握相当的技能。

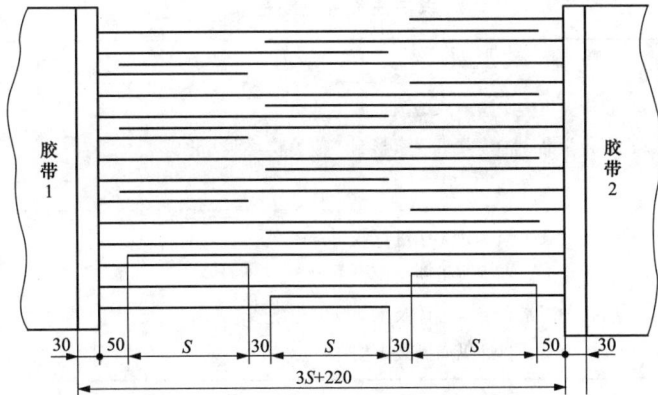

图 8-5　钢绳芯胶带三级全搭接钢丝绳排列

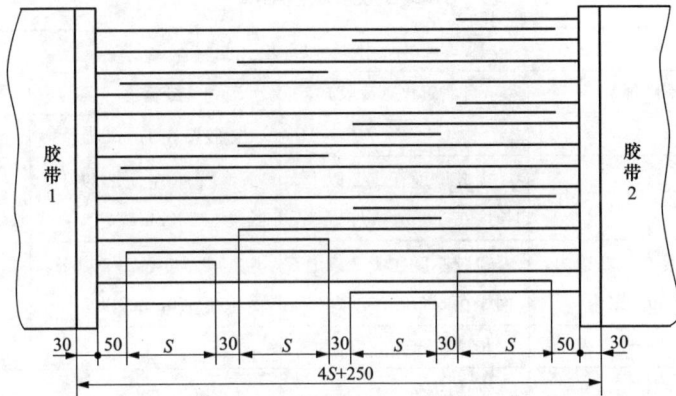

图 8-6　钢绳芯胶带四级全搭接钢丝绳排列

第二节　输送机胶带的维护管理和作业安全

输送机设备中，胶带约占全设备费用的 1/3，此外在损耗中，胶带的费用也最大。输送机由于设备状态以及维护管理的不同，同一条件下的胶带输送能力可能会发生 50％以上的差别。

作为胶带来讲，应该是当覆盖胶完全磨损、芯体完全疲劳时，才能说胶带的使用已到极限，已经发挥了 100％的作用。反之，如覆盖胶发生异常磨损，短时间内芯体疲劳而胶带发生断裂，这不能说胶带已达到使用极限，而应该认真分析其他原因，比如对胶带的性能、使用条件等掌握不充分或是设备检修不到位、管理不善等。因此，应该强化胶带的日常维护，及时发现并处理缺陷，保持胶带的性能良好。

一、输送机胶带判断、处理基准

（一）织物性胶带更换基准（见表 8-1）

表 8-1   织物性胶带更换基准

损伤部位	内　容
覆盖胶	(1) 胶带宽度中央覆盖胶磨损，芯体露出。 (2) 因化学品、油、热等因素影响，覆盖胶发生劣化。 (3) 多处发生外伤
芯体	(1) 芯体处发生损伤，无法进行修理。 (2) 芯体疲劳，发生胶带断裂。 (3) 因各种因素影响，芯体及覆盖胶劣化剧烈。 (4) 发生全长、贯通纵向撕裂等损坏

（二）织物性胶带维修基准（见表 8-2）

表 8-2   织物性胶带维修基准

损伤部位		修 理 方 法			
		不修理	自然硫化（冷胶）	热硫化	更换、缩短、增入
覆盖胶	磨损			盖胶厚在 1mm 以上	盖胶厚度不足 1mm
	划伤	盖胶厚度在 1/2 以内	盖胶厚度在 1/2 以上，长度在 300mm 以内	盖胶厚在 1/2 以上，长度在 300mm 以上	
	翻起	盖胶厚度在 1/2 以内，面积在 50mm² 以内	盖胶厚度在 1/2 以上，面积在 300mm² 以内	盖胶厚度在 1/2 以上，面积在 300mm² 以上	
边胶	开裂	长度在 50mm 以内	长度在 50mm 以上		
	划伤	没露出芯体	到达芯体	无边胶	
芯体	露出		面积不到 100mm²	面积达 100mm² 以上	
	切断			不足胶带宽度的 10%	多数损伤，胶带宽度在 10% 以上
纵裂			长度在 500mm 以内	500～1000mm	1m 以上

（三）钢丝芯胶带维修基准（见表 8-3）

表 8-3   钢丝芯胶带更换基准

损伤部位		修 理 方 法			
		不修理	自然硫化（冷胶）	热硫化	更换、缩短、增入
覆盖胶	磨损			盖胶厚在 3mm 以上	盖胶厚度不足 3mm
	划伤	盖胶厚度在 1/2 以内	盖胶厚度在 1/2 以上，长度在 300mm 以内	盖胶厚在 1/2 以上，长度在 300mm 以上	
	翻起	盖胶厚度在 1/2 以内，面积在 50mm² 以内	盖胶厚度在 1/2 以上，面积在 300mm² 以内	盖胶厚度在 1/2 以上，面积在 300mm² 以上	
边胶	开裂	长度在 50mm 以内	长度在 50mm 以上		
	划伤	钢丝未外露	到达钢丝	无边胶	

损伤部位		修　理　方　法			
		不修理	自然硫化（冷胶）	热硫化	更换、缩短、增人
芯体	露出		面积不到 100mm²	面积达 100mm² 以上	
	切断	切断 2 根但未外露	2 根以下但钢丝外露	3 根以上但不到总数的 10%	在总根数的 10% 以上
纵裂			长度在 500mm 以内	500～1000mm	1m 以上

二、输送机胶带修理方法

（一）织物芯胶带覆盖胶部分损伤冷胶修复方法

当覆盖胶与边胶损伤较小时，可以用冷粘方式进行修复，这种胶耐磨性高，并能防止水分侵入本体胶带。除去损伤部杂物，如果有油粘着，必须完全除去，并且将损伤部四周与本体脱离的覆盖胶切除。用较粗的砂纸打磨损伤部外露的芯体。打磨结束后，用溶剂汽油清洗，并充分干燥，打磨面涂刷第一次胶水。趁其干燥期间，将冷胶 A 与 B 进行混合，将混合后的胶压进损伤部分，并使其光滑，表面应比本体高 1.5mm 左右，原因为固化后冷胶将收缩。修理处表面温度不得超过 80℃，如想得到理想的表面，可用木板或钢板固定在修理部位，使其平整、光滑。

（二）织物芯胶带覆盖胶部分损伤热硫化修复方法

首先松弛修理部分胶带的张力并将损伤部位切割成四边形，切四边形时应将斜角平行于胶带前进方向，切割覆盖胶时应成 45°，使切口成斜面，清扫损伤部位，用钢丝刷打磨；然后涂刷胶浆，并使其充分干燥，贴覆盖

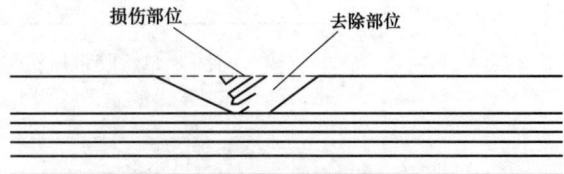

图 8-7　胶带损伤与去除示意

胶，注意调整厚度，切除多余部分覆盖胶。上述作业结束后，安装硫化机，进行硫化，具体参照图 8-7～图 8-9。

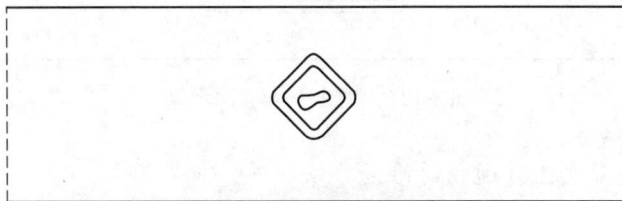

图 8-8　胶带损伤与去除示意

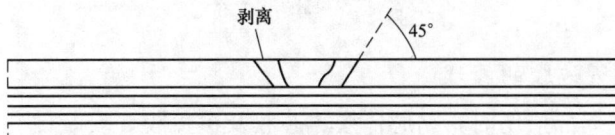

图 8-9　胶带损伤与去除示意

（三）织物芯胶带损伤至芯体时修复方法

当织物芯胶带损伤达 2 层芯体时可采用织物芯胶带损伤至芯体时修复方法进行修复（见图 8-10），损伤部周围的盖胶按同样方法剥离，刷 2 次胶浆，要充分干燥，按图 8-11 尺寸剥离，胶料贴合与前述（二）相同，剥离的芯体及覆盖胶用新材料如图 8-12 所示进行作业。上述作业结束后，安装硫化机，进行硫化。

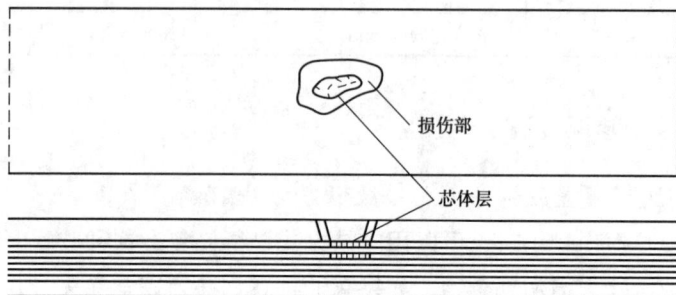

图 8-10　胶带损伤与去除示意

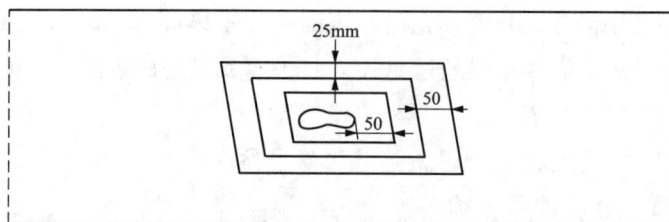

图 8-11　胶带损伤与取除示意

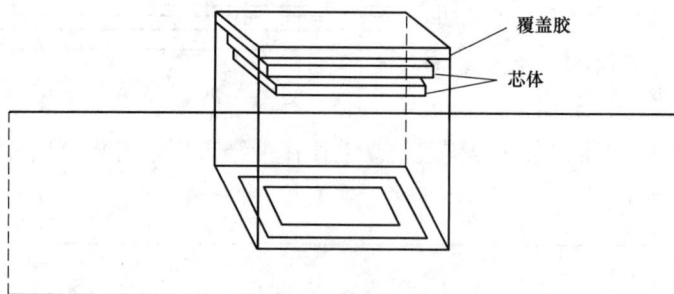

图 8-12　胶带损伤与去除示意

（四）织物芯胶带发生贯通伤时修复方法

按损伤部大小决定修理范围，对修理部分的盖胶、芯体进行剥离，刷 2 次胶浆，并充分干燥，上侧阶梯与下侧阶梯不得重叠（见图 8-13）。上述作业结束后，安装硫化机，进行硫化。

（五）织物芯胶带边胶的修理

当胶带边胶发生局部损伤时，贴芯体层、芯胶及覆盖胶，安装硫化机，进行硫化。边胶发生贯通伤，根据损伤部位大小决定修理尺寸。盖胶切割成四边形，从上、下两侧加工

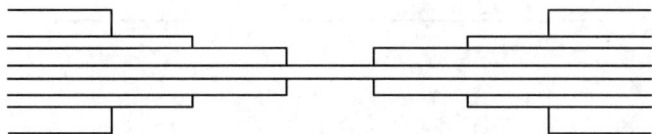

图 8-13　胶带修理示意图

成阶梯形，上、下阶梯不可重叠，充分进行打磨，刷 2 次胶浆，并充分干燥，贴芯体层，覆盖胶，安装硫化机，进行硫化。覆盖胶沿边胶发生开裂，芯体与橡胶应充分打磨，打磨长度至少离边缘 25cm，刷 2 次胶浆后充分干燥，贴胶条，硫化时，应放上压条，压条厚度应比胶带厚度薄 0.5～1mm。

（六）织物芯胶带修理注意事项

（1）进行切割前，应对修理部位进行清扫，并用溶剂擦拭。

（2）胶浆及溶剂应充分干燥。

（3）胶浆在使用前及使用中应充分搅拌。

（4）为了确保粘接，芯体及橡胶应充分清洗，表面污染的不能进行硫化。

（5）打磨清洗应彻底，避免粘接力下降。

（6）应注意不要损伤修理部分之外的芯体及橡胶。

（7）正确使用刀具。

（8）绝对不可切断芯体经线。

（9）贴芯胶、盖胶时，应用平面辊认真滚压排气。芯体如潮湿，应进行干燥。

（七）钢丝芯胶带修理

由于钢丝芯胶带（内部结构见图 8-14）是以钢丝为单一芯体来承受张力的，所以与织物芯胶带相比，其损伤部对胶带的影响较织物芯胶带要大。所以，尽早发现并作出相应措施是很重要的。钢丝芯胶带可以利用 X 射线检测来迅速发现损伤部位。

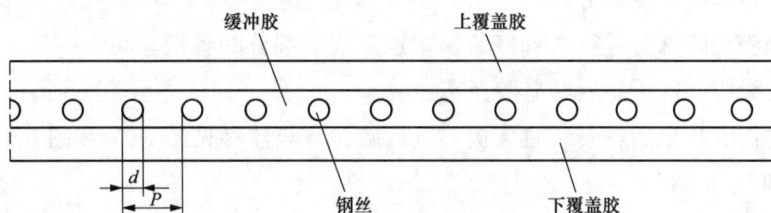

图 8-14　钢绳芯胶带内部结构示意图

1. 覆盖胶损伤时

仅覆盖胶损伤时，与前述（二）相同。

2. 钢丝切断时（见图 8-15、图 8-16）

当钢丝间距（$P-d$）大于钢丝直径＋2mm 时。

（1）切割、剥离损伤部的覆盖胶。

（2）在剥离后的钢丝间放入新钢丝。

（3）旧钢丝应认真打磨，涂刷胶浆，放上芯胶。

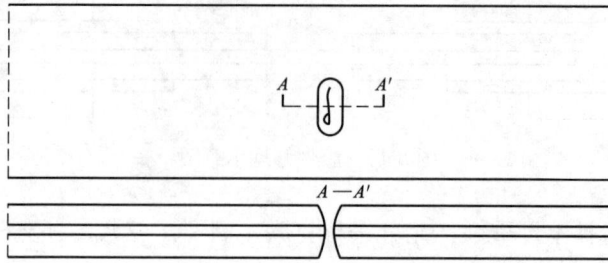

图 8-15 钢丝断裂情况

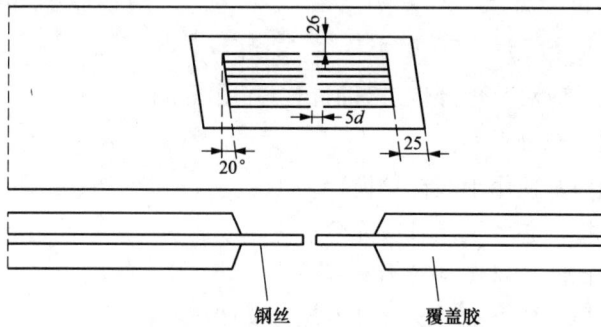

图 8-16 修复示意图

（4）贴上、下侧的覆盖胶，依次贴芯胶及覆盖胶。

3. 沿钢丝发生损伤时

沿钢丝发生损伤时一般称为纵向撕裂，由于钢丝没有切断，所以修理方法与前述（四）相似；

（1）切除、剥离上下覆盖胶。

（2）切除钢丝间不良部分。

（3）对橡胶切除部分进行认真打磨，特别是损伤部分的各钢丝间。

（4）依次涂胶浆，干燥后贴芯胶及覆盖胶。

（5）上述作业结束后，安装硫化机，进行硫化，具体参见图 8-17 和图 8-18。

4. 注意事项

（1）作业前对修理部分进行清扫，用溶剂擦拭。

（2）胶浆及溶剂必须充分干燥。

（3）胶浆在使用前应充分搅拌。

（4）为确保粘接，钢丝与橡胶要清洗干净。

（5）打磨清洗应彻底，避免粘接力下降。

（6）新钢丝放入时，尽量放直。

（7）由于钢丝要生锈，所以应避免水等诱发物。

（8）贴胶时，应用各种辊子充分滚压。

（9）硫化前确认硫化厚度，避免厚度不均或厚度不足等现象。

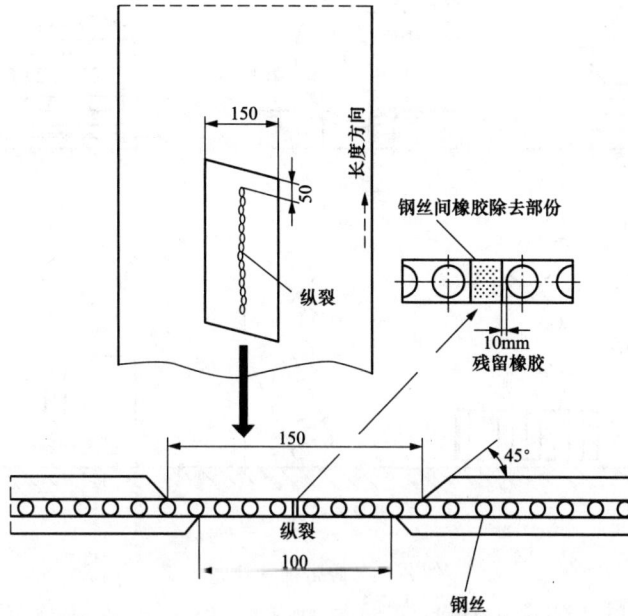

图 8-17　损伤部修复示意图

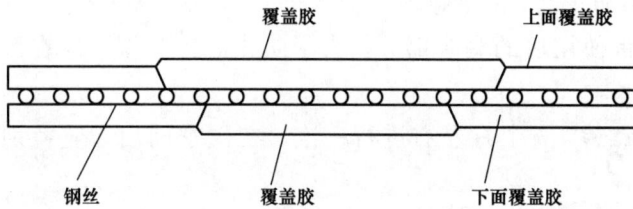

图 8-18　修复结束示意图

三、胶带的保养、管理方法

（一）保管场所

（1）放在仓库内进行保管，参见图 8-19。

（2）如没有适当的房屋在室外保管时，应用白色防水、雨布盖起，进行保管。

（二）保管场所的注意事项

（1）最好在能避免阳光直射处、冷暗处且湿度低的地方，周围气温为－10～40℃。

（2）能避免雨及潮气。

（3）不能接触电焊火花、油、化学品。

（4）放胶带处应保证不积水，并在卷筒下设角钢等，胶带卷筒不直接与地面接触。

（三）保管状态

（1）不开卷。

（2）最佳是不开卷并放在卷筒架上。

121

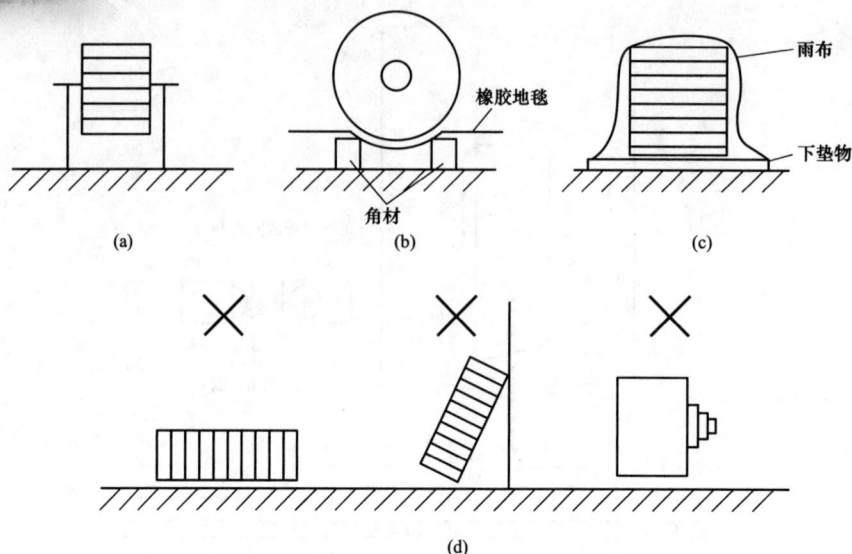

图 8-19　胶带保管状态

（a）放于卷筒架上；（b）垂直地放在不积水处；（c）在地面放上角钢等；（d）不可横倒、斜放或其他异常情况

（3）如（2）不可能时，应在不积水处的地面上铺上较厚的板或角钢等，将卷筒垂直地放在上面，并要有防止倒下的措施。

（4）如一卷胶带使用后的剩余部分，为了防止芯体吸湿，应在胶带切口处做防潮措施。

（5）定期进行点检，6 个月左右进行一次。在雨季前后，应特别认真地进行一次点检。

（6）平时如发现有不良现状时，应立即纠正。

（7）由于长时间保管，卷筒上一些标记模糊不清时，应重新补上。

四、安全作业总则

（一）目的

在硫化胶接作业中，确保作业者的健康和安全，形成一个安全良好的作业环境。

（二）基本概念

遵守安全卫生规则，促进自主管理活动，从而达到防止伤害事故，保持安全管理的目的。

（1）作业前，应检查设备及非安全状况等，确认作业的安全性。

（2）作业前身体应充分活动开。

（3）穿戴规定的劳动用品。

（4）作业中，应时时注意安全，如有危险，应马上报告。

（5）如必须持有操作证才能进行的作业，其他人不得操作。

（三）现场硫化胶接作业的安全基准

事前确认作业条件见表 8-4。

表 8-4 　　　　　　　　　　　　　事前确认作业条件

项目	确　认　事　项
作业场所	(1) 高度及空间情况如何？ (2) 水平还是倾斜？ (3) 陆地还是水上？ (4) 室内还是室外？ (5) 是否有其他特别条件的场所
其他	(1) 是否要夜间作业？光线怎样？或湿度、风向等情况如何？ (2) 是否有条件使用吊车？ (3) 电源情况如何？ (4) 是否需要防爆硫化机或防爆开关？ (5) 是否需要进行安全教育

（四）作业场所的设备

1. 高处作业注意事项（见表 8-5）

表 8-5 　　　　　　　　　　　　　高空作业注意事项

项目	内　容
安全带	(1) 在高于地面 2m 以上时，必须使用安全带。 (2) 不能使用安全带时，应设置扶手或栏杆等防止跌落措施
材料的传递	(1) 高于 3m 以上时，不能将胶料等从上投下。 (2) 非这样做不可时，应在下方设标记，以通知来往行人
标示牌	(1) 在作业点下方周围设置"正在作业中"标示牌。 (2) 在扶手或通道不完整时，应在作业前做准备，如不能准备，应设置"危险"的标示牌
天气	高度在 2m 以上时，因大风、大雨、大雪等气候给作业带来危险时，根据监督人或作业负责人的判断，可以终止作业

2. 在狭窄处作业时

（1）应尽量将作业区内和四周的障碍物清理掉。有时根据情况，可与有关部门联络，撤去障碍物。

（2）将硫化机及其他工器具分几处放置，不得与身体接触。

3. 在粉尘较多处作业

（1）应戴防尘眼镜和防尘面具。

（2）尽量设置帐篷。

4. 作业平台的设置

（1）将道木或跳板牢固地固定在机架上，然后再放作业平台。

（2）作业平台应考虑到作业人员的作用空间。

（3）作业平台超过 1m 时，应设置梯子。

（4）在倾斜运输机上工作时，作业平台应尽量水平。

（五）电源的配线及连接

电源线原则上由专业人员连接，其注意事项如下：

（1）铺设电源线。

（2）输入电线与控制开关相连接。

（3）确认输入侧电源切断。

（4）接通输入侧电源。

（5）用电笔确认输出侧通电情况。

（6）应掌握作业中的用电量，并事先进行确认。

（7）原则上不可在车行道上拉线，如一定要在车行道上拉线时，应做好保护措施。

（8）硫化机的电源控制箱必须安装漏电保护器，并且在输入侧也要安装。

（9）电源线连接部位的绝缘性能必须良好，电动工具和硫化机必须确认是否漏电。

（10）硫化机及电动工具使用时必须有接地线。

（六）使用刀具、剥离及打磨

1. 对刀具的使用应该加强管理

（1）在使用刀具进行作业时，另一只手必须戴手套。

（2）如身体因无法避开切割线上，应做好相应的保护措施。

（3）刀具使用完毕，刀刃部分必须收回刀鞘内。

（4）在切断有张力的胶带时，应将胶带固定。

（5）在两人以上同时用刀作业时，应相互提醒，避免伤害事故的发生。

2. 剥离

（1）胶带的加工部位及剥离机械必须固定。

（2）用人力剥离时，作业人员应事先充分活动，以免扭伤。

3. 打磨

（1）使用角向磨光机及钢丝砂轮机时应注意。

1）确认砂轮片是否松动。

2）接电源插头时，电源开关必须关闭。

3）不使用时，不要接触回转部分。

4）回转部分应安装有防护罩。

5）拔插头时，不可拉电源线。

（2）保护用具

1）戴防尘眼镜。

2）戴防尘面具。

（七）使用溶剂及胶浆

1. 室外作业

（1）身体应处于上风向侧。

（2）如无风时，最好戴防毒面具。

2. 室内作业

（1）开窗使空气流通。

（2）应有送风装置。

（3）溶剂及胶浆使用量较大时，应戴防毒面具。

（八）硫化机的移动、分解及组装

1. 水平移动

（1）在工人搬运部件时，应相互照顾。

（2）搬运要经过的通路应事先进行清理。

2. 高处的吊上吊下

（1）在地上要运到高于肩的高处时，应用绳索吊上。

（2）使用的绳索应能承受吊起物件的重量。

（3）使用吊车等工具时，必须由持有操作证的作业人员进行。

3. 硫化机的组装

（1）必须人工进行，并相互照顾。

（2）如事先判断机架不能承受硫化机自身重量时，应首先进行加固。

（3）紧固螺栓应一根一根安装，并且应确认是否已经安装稳妥。

（4）在将电源线插入前时，应确认绝缘性能是否良好。

（5）水泵不应放在电气控制箱旁。

4. 硫化机的分解

（1）应待硫化机水压为零后才可进行。

（2）搬热板时，一定要戴好手套，以免烫伤。

第三节　输送机硫化胶接基础知识

一、胶带长度的确定

现场进行硫化胶接的胶带长度，按下述方法计算。

（一）现场硫化胶接时胶带的切断长度

1. 张紧装置的功能

张紧装置具有给予胶带最佳张力和运转中防止胶带打滑的功能。由于胶带在运转过程中会发生弹性伸长及永久伸长，因此，张紧装置的位置应该有基准。胶带过长或过短将会对运转产生不利因素。

2. 张紧装置的位置

在现场进行硫化胶接时，如何决定胶带的切断位置？胶接后张紧装置应处于什么位置？应按下述情况进行考虑，参见图8-20。

（1）织物芯胶带：上限开始行程的30%；

（2）维织物芯胶带：上限开始行程的20%；

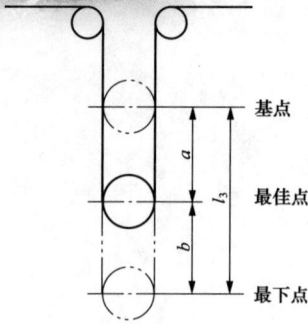

图 8-20 张紧装置的位置

（3）钢丝芯胶带：最下点开始行程的 0.25%。

织物芯胶带，则

$$a = 0.3l_3$$

式中　a——最佳位置；

　　　l_3——张紧装置行程。

维织物芯胶带，则

$$a = 0.2l_3$$

式中　a——最佳位置；

　　　l_3——张紧装置行程。

钢丝芯胶带，则

$$b = 0.002\ 5L$$

式中　b——至少确保距离；

　　　L——机长。

3. 注意事项

一般来讲，张紧装置的有效行程 l_3 是普通机长的 2%，a 值按芯体种类而不同，这是因为运转时芯体的弹性伸长长度和永久伸长长度是不同的。钢丝芯胶带的 a 值比织物芯胶带大，这是因为在 a 中包括有一个接头长度。

（二）硫化胶接的搭接量计算方法

1. 帆布芯胶接

计算式为

$$l = (n-1)S + B\tan20°$$

式中　l——搭接量，mm；

　　　n——芯体层数；

　　　S——阶梯长度，mm；

　　　B——胶带宽度，mm；

$$\tan20° = 0.364。$$

2. 钢丝芯胶接

一级式为

$$l = S + 50 \times 2 + 30 \times 2$$

式中　l——搭接量，mm；

　　　S——阶梯长度，mm。

二级式为

$$l = 2S + 50 \times 2 + 30 \times 3$$

式中　l——搭接量，mm；

　　　S——阶梯长度，mm。

三级式为

$$l = 3S + 50 \times 2 + 30 \times 4$$

式中　l——搭接量，mm；

S——阶梯长度，mm。

四级式为

$$l = 4S + 50 \times 2 + 30 \times 5$$

式中　l——搭接量，mm；

　　　S——阶梯长度，mm。

二、阶梯加工及合拢

（一）一般要求

胶带的阶梯加工及合拢因胶带种类而异，这里所示的是标准型（普通型织物芯胶带）加工，并在各工序中指出注意点及其根据。

（二）硫化胶接的基本构造

硫化胶接的基本构造参见图 8-21 和图 8-22。

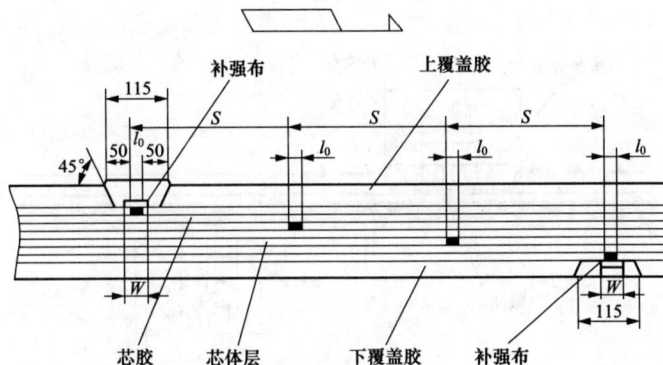

图 8-21　硫化胶接阶梯加工

l_0—芯体搭接间距；W—补强布宽；S—阶梯长度

（三）硫化胶接的基本加工顺序

阶梯加工结束后，先进行打磨，然后将两端的硫化部位涂刷胶浆（见图 8-23），干燥后在一端的硫化部位贴上芯胶（见图 8-24），同时贴上缓冲胶，再将两端硫化部位合拢，按规定贴上封口胶（见图 8-25）。

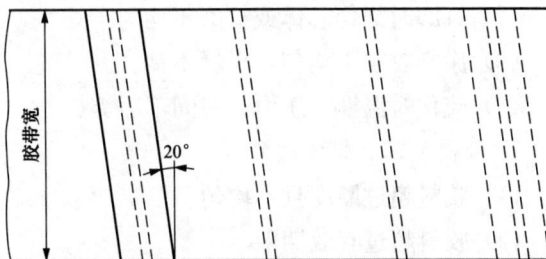

图 8-22　普通型 4 层芯胶带胶接示意图

（四）加工时的注意点

1. 阶梯长度

绝对避免由于时间等因素而采取缩短阶梯长度、减少硫化次数等做法，因为这样做有可能使胶接部位很快发生脱开或剥离。在硫化胶接过程中，潜在各种容易疏忽的因素，也会导致发生突发性事故，所以，不可轻易缩短阶梯长度。

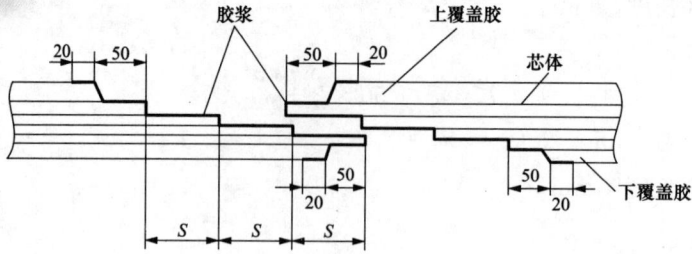

图 8-23 涂刷胶浆

S—阶梯长

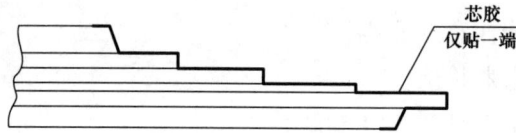

图 8-24 粘贴芯胶

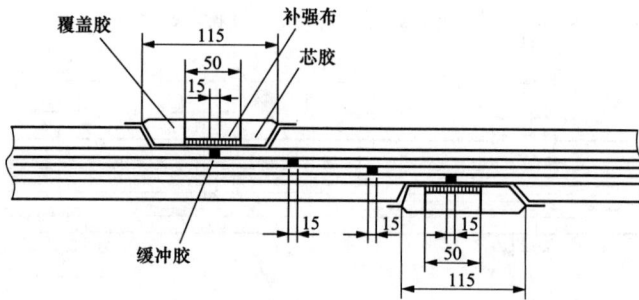

图 8-25 贴封口胶

2. 阶梯加工时的缺陷

（1）用刀、起层器时损伤芯体。

（2）打磨时损伤芯体或打磨不均匀。

（3）涂刷胶浆不均匀，干燥不良。

（4）硫化时温度、压力、时间不当等。

3. 阶梯加工材料的缺陷

（1）胶料超过厚度且不均匀。

（2）胶料超过有效期限。

（3）环境的影响：下雨、湿度、气温、粉尘、气体等因素。

4. 芯体的重叠

由于尺寸误差、合拢时的误差等使芯体发生重叠时，特别对于高强度芯体，芯体较厚，硫化时的压力在重叠部分显得过大，而在其他部分又显得不足，这样，在运转中经过滚筒时，其抗曲挠性能下降，可能导致过早剥离。

5. 芯体因刀具及其他因素所引起的损伤

因刀具在厚度方向损伤芯体时的损伤程度与强度见表 8-6。

表 8-6　　　　　　　　刀具在厚度方向损伤芯体时的损伤程度与强度

损伤程度	强度（%）
无伤	100
1/3 割穿	45
1/2 割穿	32

因刀具发生贯通伤（宽度方向）时的损伤程度与强度见表 8-7。

表 8-7　　　　　　　刀具发生贯通伤（宽度方向）时的损伤程度与强度

损伤程度	强度（%）
无伤	100
5mm 割穿	45
10mm 割穿	31
15mm 割穿	23
20mm 割穿	19

因起层器损伤芯体（厚度方向）时的损伤程度与强度见表 8-8。

表 8-8　　　　　　　起层器损伤芯体（厚度方向）时的损伤程度与强度

损伤程度	强度（%）
无伤	100
芯体变色	82
芯体翻毛	39

因砂轮片损伤芯体（厚度方向）时的损伤程度与强度见表 8-9。

表 8-9　　　　　　　砂轮片损伤芯体（厚度方向）时的损伤程度与强度

损伤程度	强度（%）
无伤	100
芯体翻毛	44
芯体损伤 1/3	14

橡胶部分打磨不良的损伤程度与强度见表 8-10。

表 8-10　　　　　　　　橡胶部分打磨不良的损伤程度与强度

损伤程度	黏结力（kg/25mm，%）
打磨均匀、充分	100
没有打磨	49

6. 胶带硫化条件

硫化温度为 145℃；时间为 45min；压力为 $10kg/cm^2$。

7. 胶浆干燥不良

在雨天或湿度较大时，应该使用红外线灯、电吹风等对加工部位内部、表面进行干燥。

8. 合拢

中心偏移是胶带发生蛇行的原因，而且还会使胶带边缘损伤，运送物料溢出，给生产带来影响。因此，在合拢时，要确认在切断胶带时所作的中心线是否偏移，然后再进行合拢。

（五）硫化胶接的角度

1. 胶接角度

无论是织物芯胶带还是钢丝芯胶带，其胶接角度都是 20°（参见图 8-26）。这是因为胶带在运转时要经过各种滚筒，因而产生曲挠应力，胶接角度如果是直角，共应力将集中在一条线上，将会发生过早疲劳，采用 20°角以后，将应力分散，这样，就能使接头部位寿命延长。

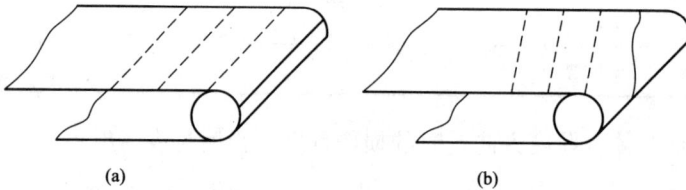

图 8-26　胶接角度

（a）直角；（b）20°

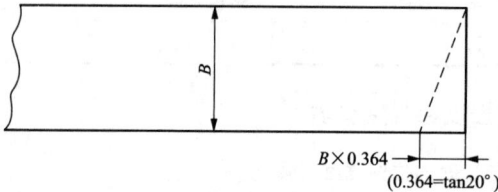

图 8-27　角度示意

B—带宽

2. 事先应准备好角度尺

在作业时，如忘记带角度尺，可将隔热板作样板，或按图 8-27 算出角度。

三、胶带硫化

（一）硫化机的基本构造及特点

硫化机的形状有各种各样，但其基本构造及特点都大同小异，如下所述（参见图 8-28）。

从结构上讲，有上、下骨架，上、下加热板，在加热板下有水压板，用水泵供给水压，进行硫化作业。

各部件采用特殊铝合金，以适应狭窄场所的搬运、分解，组装便利，由于采用特殊铝合金，所以其抗拉强度与钢铁相同（$39\sim41\text{kg/cm}^2$），但重量仅为钢铁的 1/3。

加热板最高升温至 145℃，硫化时间约 45min。温度调节采用自动控制。

（二）硫化机组装要领

（1）组装下部骨架，见图 8-29。

（2）在组装好的骨架上放置水压板，见图 8-30。

（3）水压板上放橡胶板，使水压板螺栓不与下热板接触，见图 8-31。

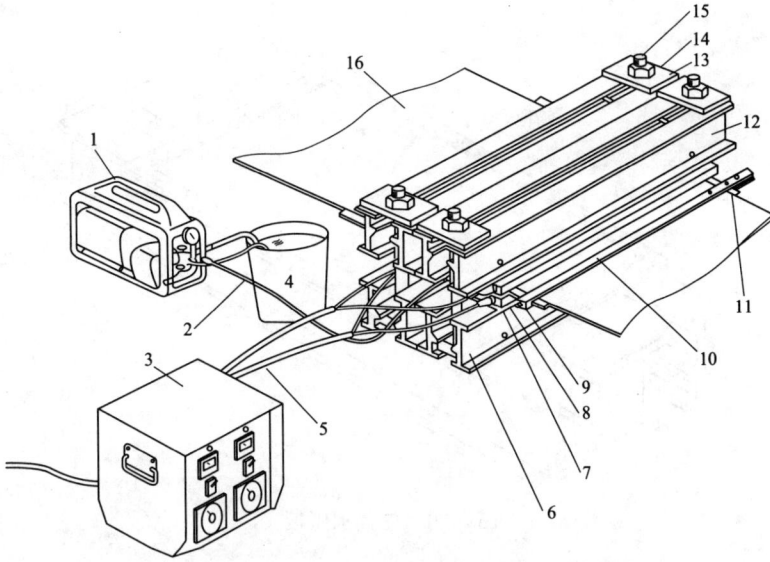

图 8-28 硫化机结构示意图

1—水泵；2—水压管；3—控制箱；4—水箱；5—电源线；6—下部骨架；7—下热板；8—水压板；
9—上热板；10—压条紧固夹具；11—压条；12—上部骨架；13—压板；14—螺母；15—紧固螺栓；16—胶带

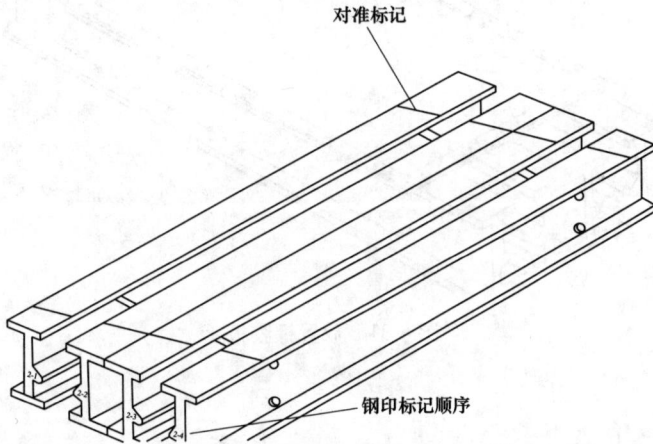

图 8-29 组装下部骨架

（4）放置下热板，见图 8-32。

（5）放置要硫化的胶带，见图 8-33。

（6）将压条放在胶带的两侧，见图 8-34。

（7）放置上热板，见图 8-35。

（8）放置上部钢架，见图 8-36。

（9）安装紧固螺栓，见图 8-37。

（10）用扳手将螺栓紧固，见图 8-38。

（11）用压条紧固夹具将压条夹紧，见图 8-39。

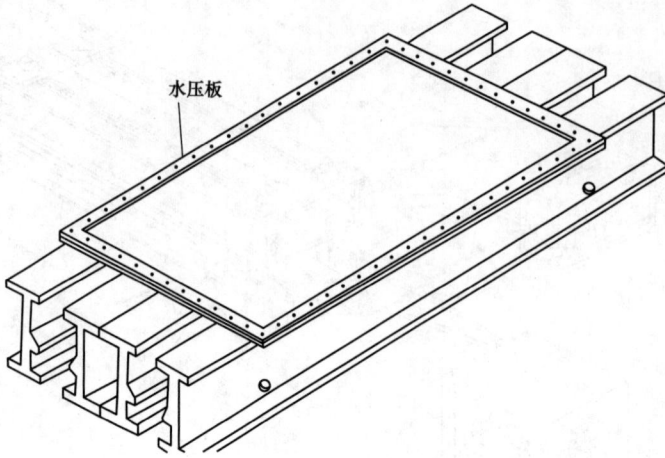

图 8-30　放置水压板

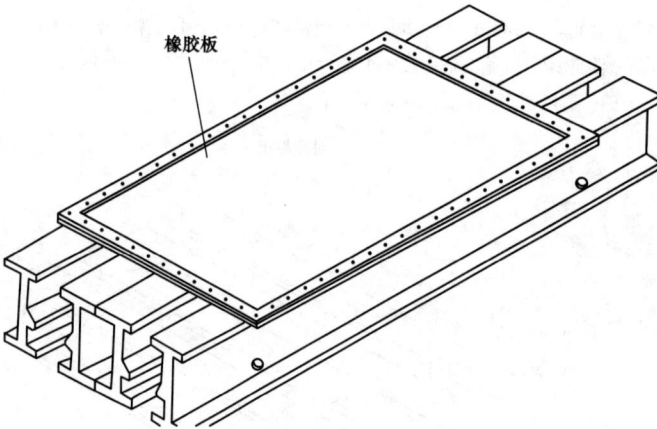

图 8-31　放置橡胶板

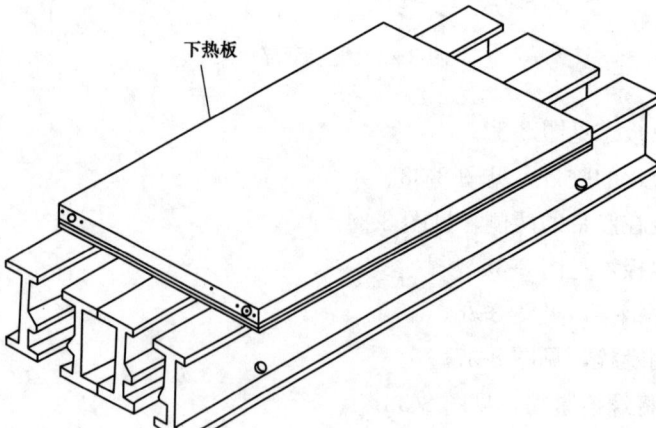

图 8-32　放置下加热板

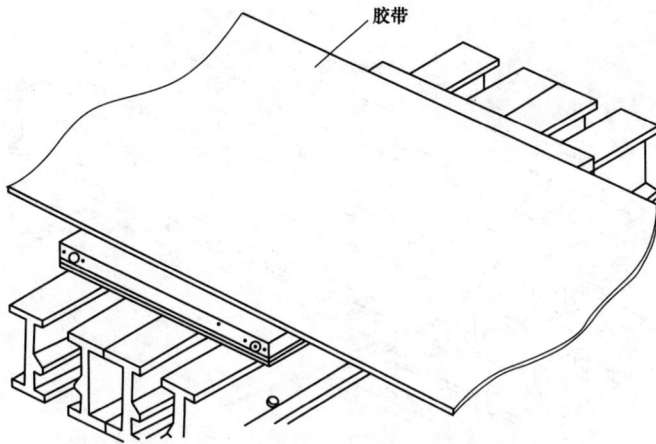

图 8-33 铺设胶带

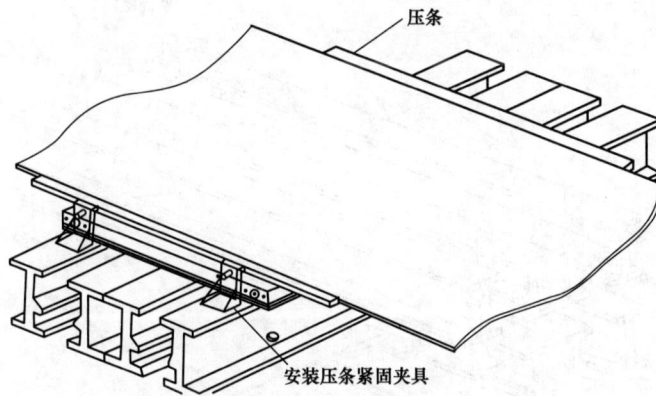

图 8-34 安装压条紧固夹具

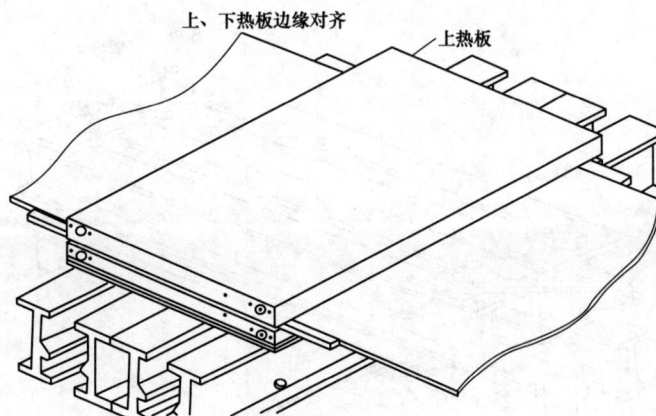

图 8-35 放置上加热板

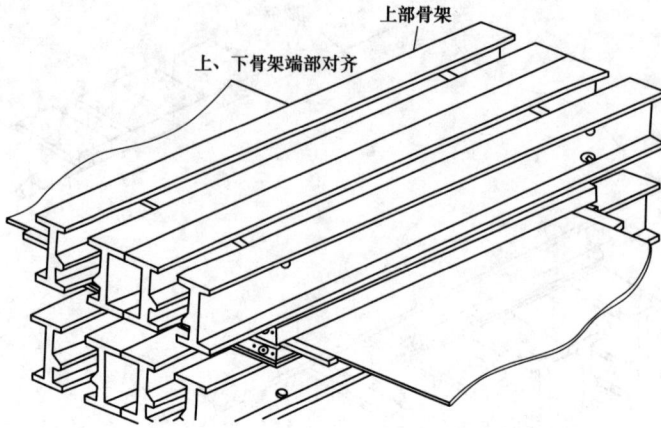

图 8-36　放置上部钢架

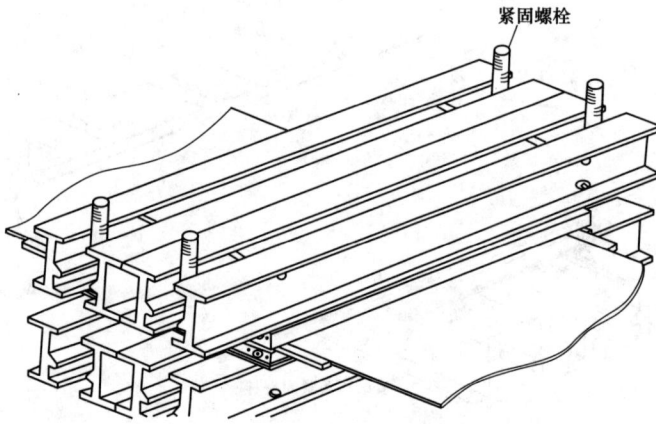

图 8-37　安装紧固螺栓

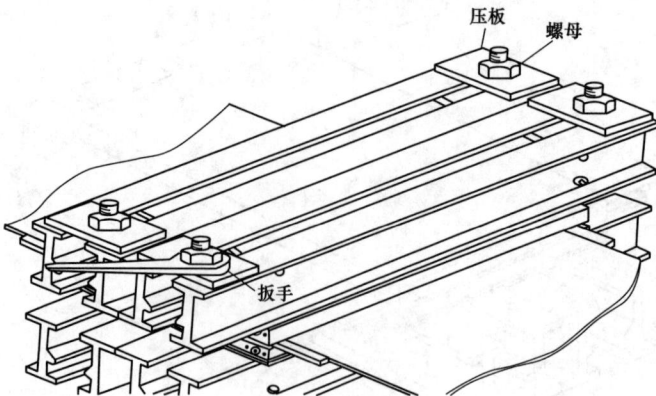

图 8-38　紧固螺栓

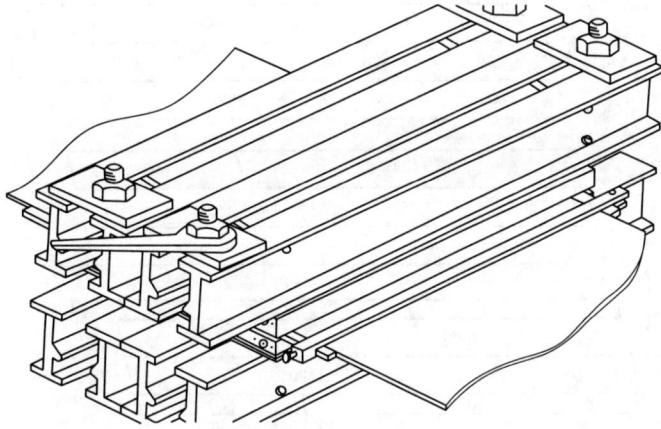

图 8-39　夹紧压条

（三）分割式硫化机加热板及水压板拼装

可搬式硫化机组装见图 8-40～图 8-42。

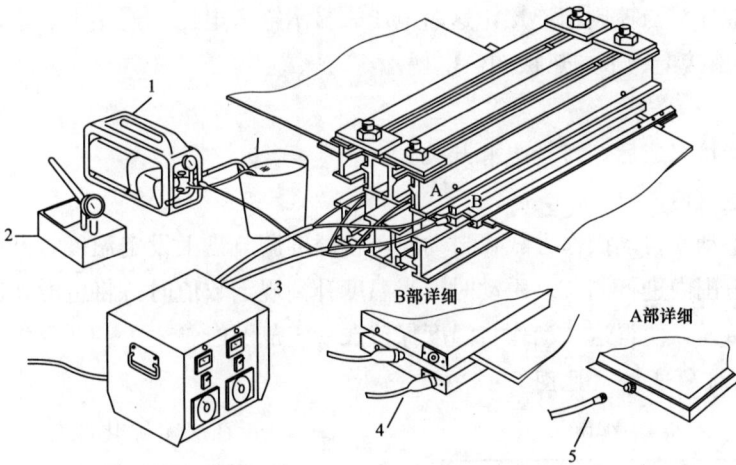

图 8-40　可搬式硫化机组装图

1—电动水泵；2—手动水泵；3—控制箱；4—电源线；5—水压软管

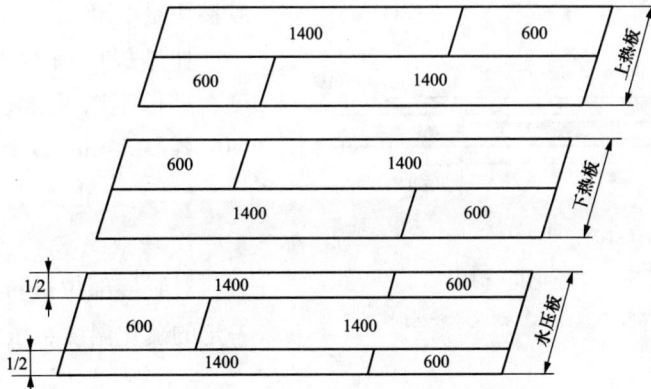

图 8-41　2 台并列组装示意图

135

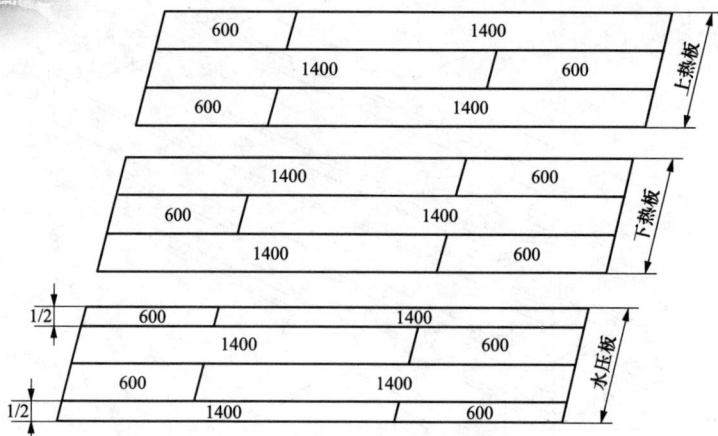

图 8-42　3 台并连组装示意图

（四）控制箱使用要领

1. 连接

将一次电源插头与控制箱连接，这时电压表显示输入电压，连接上、下加热的二次电源线（输出），连接上、下加热板的热电偶。

2. 加热方法

（1）上述连接完成后，打开电源开关。

（2）确认电流值。

（3）选择手动或自动操作方式：自动时，在温度调节盘上设定温度，开关打开后，就能自动在设定范围内进行调节；手动时，当温度升到规定数值时，将电源切断，温度下降时，再将电源接通，使得这一动作将温度保持在一定范围内。

（五）硫化机的选择（见图 8-43）

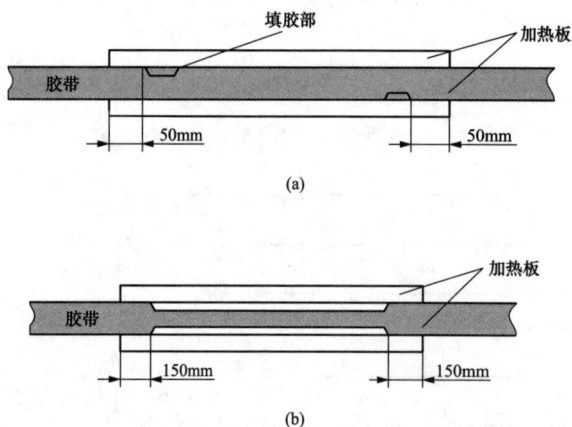

图 8-43　硫化机选择
（a）织物芯胶带时；（b）钢绳芯胶带时

在决定硫化胶接方法后，按胶接的宽度和硫化胶接的长度，按以下基准选择硫化机，否则将有可能发生加热端部压力和热量不均匀，从而引起胶接质量下降。

加热板的有效宽度应在考虑温度、平行度以及压条宽度的基础上，两端各留 50mm 以上。

（六）硫化温度、压力、时间

1. 一般要求

对胶接部位进行硫化时，要求有一定的硫化温度、压力及时间。

2. 温度

胶带硫化时，根据表 8-11 的硫化温度基准到达规定时，要按表 8-12 的冷却温度基准进行冷却。

表 8-11 硫化温度基准

胶带种类	硫化温度（℃）
各种胶带	145±5

表 8-12 冷却温度基准

胶带种类	冷却温度（℃）
织物芯胶带	100 以下
钢丝芯胶带	120 以下

3. 压力

硫化机压力升到 8kg/cm² 后，待加热板升到规定温度过程中，水压也会慢慢上升，当加热板到达规定温度后，将压力在（10±1）kg/cm² 的范围内进行调节。

4. 硫化时间（见图 8-44）

硫化时间因胶带种类及总厚度不同而不同。所谓硫化时间，是指按规定温度所保持的时间，不包括加热板从常温升至规定温度的时间。

（七）作业中检查

为了保持硫化面的功能及精度，应定期测试温度分布及压力分布状况。

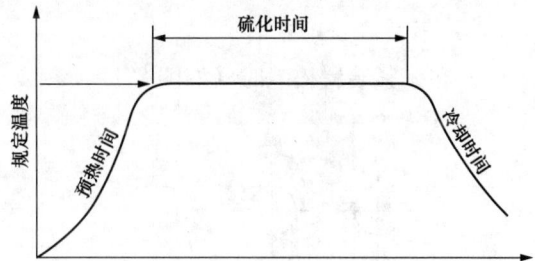

图 8-44 硫化时间

四、胶带的牵引

1. 将胶带卷筒放到卷筒架上

将胶带卷筒运到容易进行牵引的场所，在卷筒孔中插入小于孔径相同但又能承受胶带卷筒重量的厚壁钢管，放在比卷筒半径稍高的卷筒架上（如图 8-45、图 8-46 所示）。作业前，应确认胶带的正反面，否则将引起返工。

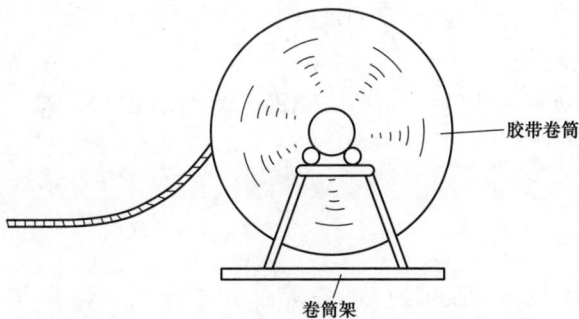

图 8-45 胶带卷筒示意图

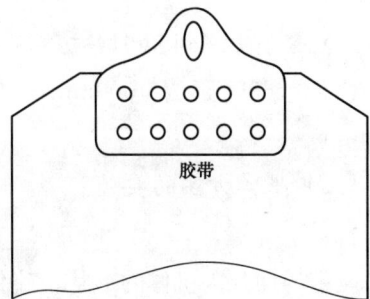

图 8-46 胶带加具牵引示意图

2. 安装牵引夹具

在胶带末端安装牵引夹具，使之与牵引用钢丝绳相连接，此外，将胶带两侧切成斜角，以免在牵引过程中碰上其他物件。

3. 胶带牵引前的检查

检查张紧轮是否已经固定、清扫器等对牵引有妨碍的部件是否已经拆除。

4. 胶带牵引时的检查

确认胶带牵引是否正确经过头轮、驱动轮、张紧轮、清扫器等部位。

5. 胶带牵引后的检查

检查胶带的张紧、固定状态，张紧装置的位置，胶接作业部分胶带的重叠状态。

五、胶带的张紧

（一）确认

由于张紧装置的形式不同，其张力也不同，所以在最后进行张紧时，应确认张紧形式。

（二）张紧方法的条件

（1）在张紧装置松弛时（如图 8-47 所示），在离起点 100～150mm 处就位，使其向起点侧移动。

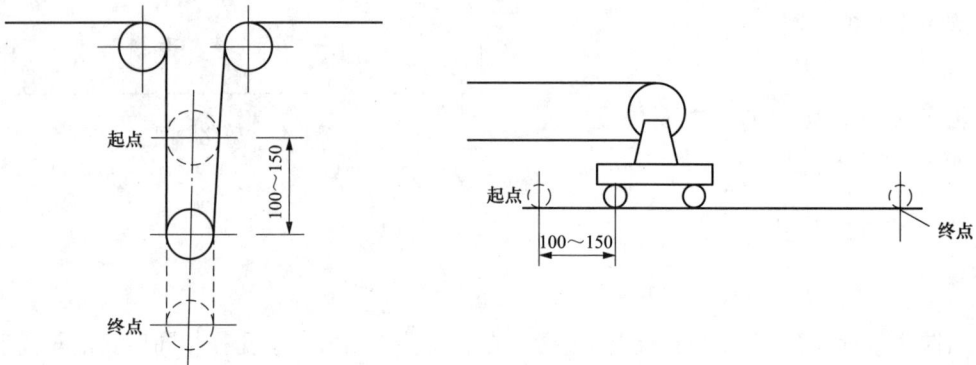

图 8-47　胶带张紧

（2）在张紧装置重锤中没有放入重物时，将张紧轮固定，使其不能向终点侧或起点侧移动。

（3）牵引力不到 3t 时，按标点测定进行检查。

（4）标点间距为 1000mm，在胶带两侧面用白色记号笔作出较细的记号，精度为 5mm。

（三）张紧方法的要领

1. 一般要求

胶带的伸长因机体的形状、硫化胶接的场所、胶带的安全率等而不同。

2. 水平输送机（见图 8-48）

机体条件：平均倾斜角度在 3°以下，机长不到 400m。

伸长率：0.5%～0.7%（1005～1007mm），见表8-13。

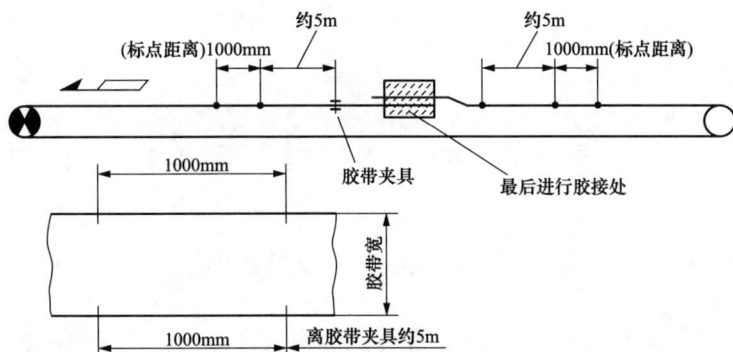

图 8-48　胶带水平布置

表 8-13　　　　　　　　　　　　　　胶带伸长率

机长	头部	尾部
不到400m	0.8～1.0	0.3～0.4
400m以上	0.8～1.0	≤0.1～0.2

3. 倾斜输送机（见图8-49）

其胶带粘接张紧夹具固定点同水平输送带相同。如皮带长，张力大，单夹具受力较大，可考虑使用多道夹具固定。

（四）注意事项

（1）胶带张紧时，运行方向应与胶带运转的前进方向相同。

（2）对于倾斜式输送机，张紧应在张力较小的地方进行。

（3）如在张力较大处进行作业时，应选用坚固的胶带夹具，可以采用多组多点固定胶带。

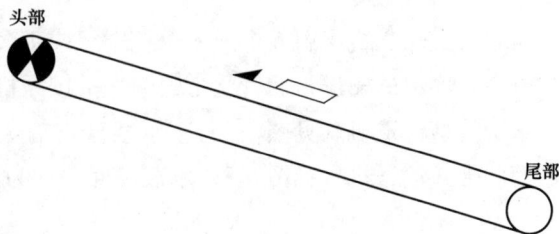

图 8-49　胶带倾斜布置

（4）在张紧前，一定要测量张紧装置的有效行程。

（5）胶带更换粘接完毕后应记录启停张紧处运行状况、胶带伸长量等数据。

思考题

1. 简述输送机胶带硫化胶接的特点。
2. 简述输送机胶带硫化的程序。
3. 简述输送机胶带硫化过程中温度、压力、时间的要求。

第九章

管 状 带 式 输 送 机

第一节　管状带式输送机概述

　　管状带式输送机由日本人于 1972 年发明，发明的目的是为了解决散料输送带来的面源性污染问题。发明后迅速得到了全世界范围内的认可，多个国家引进管带机设备技术并投入生产应用。我国于 1996 年由淮南煤矿机械厂引进日本专利开始生产管状带式输送机，由于成本问题未能得到大范围的推广。近年来随着国家环保要求日益严格，特别是在输送散装物料方面，管状带式输送机由于良好的环保性能、输送能力大、输送距离长、运行维护成本低、结构简单、运行稳定可靠、维护方便等优点日益得到广泛的研究和应用。整体来看，我国发展管状带式输送机起步较晚，尚处于研制开发阶段，长距离、重载荷、大运量的管状带式输送机技术还不够成熟，随着管状带式输送机应用需求增大，管状带式输送机技术、输送带技术正在快速地发展，未来一定会达到国际领先水平。

一、管状带式输送机的基本结构

　　管状带式输送机指由 6 个或 8 个托辊组成正多边形以强制输送带成圆管状，连续输送块状或散装物料的输送机。管状带式输送机按照机构分为单圆管型和全圆管型两种结构形式。单圆管型输送机（见图 9-1）仅承载分支输送带为圆管状、回程为平胶带结构。全圆管型管状带式输送机（见图 9-2）承载及回程均为圆管状。

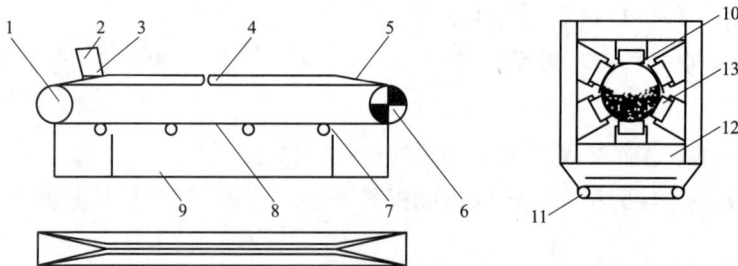

图 9-1　单圆管型输送机示意图

1—尾部滚筒；2—溜槽；3—受料处；4—承载段；5—卸料处；6—头部滚筒；7—回程托辊组；
8—回程段胶带；9—支架；10—重载胶带；11—回程托辊组；12—桁架支撑梁；13—重载托辊组

　　管状带式输送机托辊布置方式一般分为两种，一种为托辊在窗框板的一侧，如图 9-3 所示；另一种为托辊在窗框板的两侧，每侧 3 个或 4 个托辊间隔布置，如图 9-4 所示。

　　托辊辊子长度应符合相关设计标准，托辊辊子之间距离可以根据设计标准及实际情况

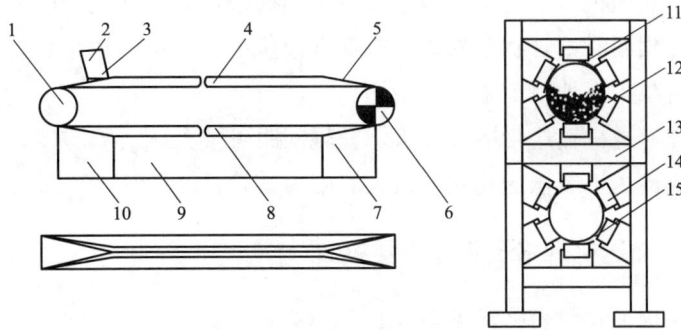

图 9-2　全圆管型管状带式输送机示意图

1—尾部滚筒；2—溜槽；3—受料处；4—承载段；5—卸料处；6—头部滚筒；7—头部过渡段；8—回程段；
9—管状段；10—尾部过渡段；11—重载胶带；12—重载托辊组；13—桁架支撑梁；14—回程托辊组；15—回程胶带

进行确定。

二、管状带式输送机的性能特点

（1）可广泛应用于各种散装物料的输送。

（2）输送带成管状，运输物料过程中无扬尘、无泄漏，环保性能好，不受自然条件影响。

（3）输送带成管状，增大了物料与胶带间的接触面积，管状带式输送机最大输送倾角可达 $45°$。

（4）管状带式输送机可实现空间弯曲布置，单条管状带式输送机可代替由多条普通平胶带组成的输送系统，可减少基建费用，并且后期运行维护费用降低。

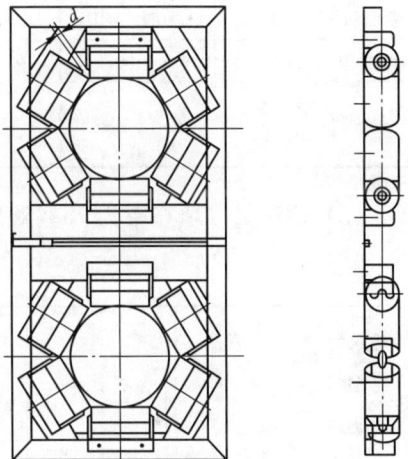

图 9-3　托辊在窗框板一侧

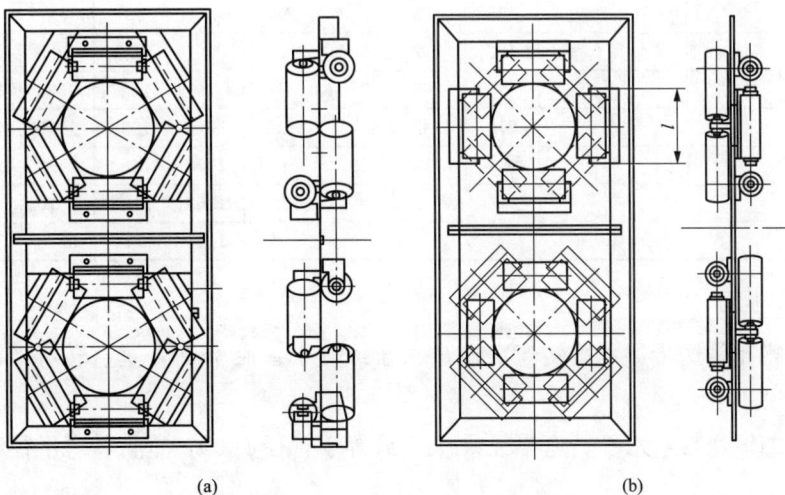

(a)　　　　　　　　(b)

图 9-4　托辊在窗框板两侧

（a）正六边形托辊组；（b）正八边形托辊组

141

(5) 管状带式输送机自带桁架、步道，可不建栈桥，节省基建费用。

(6) 运输能力相同时，管状带式输送机横截面积小，占用空间小，约为普通带式输送机的 1/3 截面，可减少占地，节省基建费用。

(7) 管状带式输送机输送带刚性较大，托辊间距可增大。

(8) 管状带式输送机所输送物料的最大块度为其管径的 1/3。

三、管状带式输送机规格及相关重要参数

(1) 管径对应相关参数表格详见表 9-1。

表 9-1　　　　　　　　　　　管径对应相关参数表格

管径（mm）	100	150	200	250	300	350	400	500	600	700	850
带宽（mm）	400	600	780	1000	1150	1300	1530	1900	2250	2650	3150
断面积 100%（m²）	0.0079	0.018	0.031	0.053	0.064	0.09	0.147	0.21	0.291	0.3789	0.5442
断面积 75%（m²）	0.0059	0.013	0.023	0.04	0.048	0.068	0.11	0.157	0.218	0.2842	0.4051
最大块度（mm）	30	30～50	50～70	70～90	90～100	100～120	120～150	150～200	200～250	250～300	300～400

(2) 输送量（填充率为 75% 对应参数）见表 9-2。

表 9-2　　　　　　　　　　　输　送　量

输送量（m³/h）　管径（mm） 带速（m/s）	100	150	200	250	300	350	400	500	600	700	850
0.8	17	38	68	106	152						
1.0	21	48	85	133	190	257					
1.25	27	59	106	166	238	321	428	667			
1.6	34	76	136	212	304	411	548	853	1228	1642	2448
2.0	43	95	170	266	380	514	684	1067	1535	2052	3060
2.5			212	332	475	642	856	1333	1919	2566	3825
3.15			418	599	809	1078	1680	2420	3233	4820	
4.0				1027	1369	2133	3070	4105	6120		
5.0					1711	2666	3838	5131	7650		

(3) 转弯半径。

1) 尼龙帆布输送带：水平转弯半径 R 大于或等于管径 $\phi300$，垂直转弯半径 R 大于或等于管径 $\phi300$。

2) 钢绳芯输送带：水平转弯半径 R 大于或等于管径 $\phi600$，垂直转弯半径 R 大于或等于管径 $\phi600$。

(4) 过渡段长度。

1) 尼龙帆布输送带：过渡段长度大于或等于管径 $\phi25$。

2）钢绳芯输送带：过渡段长度大于或等于管径 $\phi 50$。

第二节　管带机设备工作原理及技术要求

一、管带机的工作原理

管状带式输送机的工作原理与普通带式输送机基本相同，通过电动机带动减速机及驱动滚筒转动，靠滚筒与输送带摩擦驱动，使输送带及物料移动传输。管状带式输送机的头部、尾部、受料点、卸料点、拉紧装置等与普通带式输送机基本相同。管状带式输送机输送带利用胶带自身的张力、头尾部滚筒及辅助扒带辊的作用张力实现头尾部展开，展开段输送带在尾部过渡段受料后，利用变倾角托辊组逐渐将其卷成圆管状进行密封输送，到头部过渡段再逐步展开成平行后卸料。管状带式输送机中部结构设计是按照一定间距布置的正多边形托辊组强制把输送带卷成圆管状，将散装物料包裹起来输送。

二、管状带式输送机主要部件

（一）输送带

输送带是圆管带式输送机承载物料的承载件和牵引件，圆管状输送带要具有良好的弹性、纵向柔性、适当的横向刚性和抗疲劳性能。其结构设计特殊，因而对胶带带芯材料要求严格，两边搭接部分要有良好的可挠曲性，以保证输送带在成管后的密封和稳定性能。

根据不同张力等条件的要求，输送带可采用尼龙织物芯层和钢绳芯等形式，输送带规格 的选择，要考虑输送带的最大张力值、输送距离、使用条件及安全系数等因素。

输送带的连接：一般应采用硫化连接，接头方式及长度应由输送带生产厂家提供。

（二）驱动装置

（1）由电动机、减速机、高速轴联轴器或液力耦合器、制动器、低速轴联轴器及止回器组成驱动单元，固定在驱动架上，驱动架固定在地基上。传动形式与传递功率的关系详见表9-3。

表9-3　　　　　　　　　传动形式与传递功率的关系

传动型式	功率范围（kW）	备注
弹性联轴器直接传动	2.2～37	功率≤220kW 时，电压为380V；功率≥220kW 时，电压为6000V
Y 系列电动机+液力耦合器	4.5～315	
电动滚筒直接传动	2.2～55	
绕线式电动机	220～800	

（2）梅花弹性联轴器：37kW 以下高速轴采用梅花形弹性联轴器连接，采用直接启动。

（3）液力耦合器：功率在45～315kW 范围内的高速轴连接采用 YOXII 型或 YOXIIZ 型（带制动轮）带式输送机专用耦合器（启动系数为1.3～1.7），改善启动性能，降低启动电流。

（三）减速器

减速器采用圆锥圆柱齿面齿轮减速器，具有承载能力大、效率高、重量轻、寿命长等特点，输入轴和输出轴呈垂直方向布置，可减少驱动站的占地面积，减速器工作环境温度为－40～45℃，当环境温度低于0℃时，启动前润滑油应加热到＋10℃方能投入工作，减速机采用油池飞溅润滑自然冷却，热功率不平衡时还应采用循环油润滑或增加冷却装置，选用和维护详见减速器说明书。

（四）滚筒

1. 传动滚筒

传动滚筒是传递动力的主要部件。滚筒表面有光钢面、人字型花纹及菱形花纹橡胶覆面。人字形花纹胶面摩擦系数大，排水性好，但有方向性，安装时人字尖应与输送带运行方向一致，双向运行的输送机要采用菱形花纹，轴承座全部采用油杯润滑脂润滑。

2. 改向滚筒

用于改变输送带运行方向或增加输送带在传动滚筒上围角，其结构形式与传动滚筒一样，滚筒表面有光钢面和平滑胶面两种。

（五）拉紧装置

（1）保证输送带与传动滚筒不打滑，使输送机正常运行。

（2）管式带状输送机拉紧装置有螺旋式、垂直重锤式、重锤车式、固定绞车式，可根据拉紧力拉紧行程的大小和拉紧装置所处位置进行选择。

三、管状带式输送机主要技术要求

管状带式输送机主要技术要求包括工作环境温度、输送机的填充系数、拉紧装置、清扫装置、卸料装置、保护装置、漏斗和导料栏板、运行带速、托辊组间距等。

（1）工作环境温度：输送机工作环境温度一般为－25～40℃，如有特殊需求，提高输送带性能及改善机架结构。

（2）输送机的填充系数。当输送机输送物料的最大粒度小于或等于管径的1/3时，填充系数宜为75%；当物料最大粒度约等于管径1/2时，填充系数为50%～60%；当物料最大粒度约等于（2/3）×管径，填充系数宜为40%～50%。

（3）拉紧装置：调整方便、动作灵活，并应保证输送机启动、制动和运行时的工作要求，动力张紧时应动作准确。

（4）清扫装置：输送机运行时，清扫器应清扫效果好、性能稳定。刮板式清扫器的刮板与输送带的接触应均匀，其调节行程应大于20mm，输送机运转时清扫器不允许发生异常振动和抖动。

（5）卸料装置：不应出现颤动、跳动、抖动和撒料现象。

（6）保护装置：各种机电保护装置应反应灵敏、动作准确可靠。特殊场合所用的保护装置必须符合 GB 14784《带式输送机 安全规范》的规定。

（7）漏斗和导料栏板及导料槽应保证输送机在满负荷运转时，不出现堵塞和撒料现象。

（8）输送机平稳运行时，带速不应小于额定带速的 95%。

（9）直线段托辊组间距宜采用表 9-4 推荐值。

表 9-4　　　　　　　　　　　　　直线段托辊组间距宜采用的推荐值

名义管径 d（mm）	堆积密度 γ（t/m³）		
	γ<0.8	γ=0.8~1.6	γ>1.6
	间距（m）		
φ100	1.2	1.0	1.0
φ150	1.7	1.5	1.3
φ200	1.8	1.6	1.5
φ250	1.9	1.7	1.6
φ300	2.0	1.8	1.7
φ350	2.1	1.9	1.8
φ400	2.2	2.1	1.9
φ450	2.25	2.15	1.95
φ500	2.3	2.2	2.0
φ560	2.35	2.25	2.05
φ600	2.4	2.3	2.2
φ630	2.45	2.35	2.25
φ700	2.5	2.4	2.3
φ800	2.6	2.5	2.4
φ850	2.7	2.6	2.5

（10）曲线段托辊间距宜为直线段托辊间距的 0.6~0.8 倍。

（11）加料点应设置缓冲托辊，其间距宜为 300~600mm。

（12）加料点应设置控制加料量的调节闸门。

（13）输送带应在输送机全长范围内平稳、对中运行。圆管状部分的扭转，以输送带搭接部分的理想中心与圆管的圆心之垂线为基准，左、右扭转角度不应大于 20°。

（14）驱动装置滑块联轴器两半体径向位移不应大于 1.0mm，两轴线夹角不应大于 0°30′。

（15）弹性联轴器的安装要求应符合 GB/T 4323《弹性套柱销联轴器》、GB/T 5014《弹性柱销联轴器》、GB/T 5015《弹性柱销齿式联轴器》和 GB/T 5272《梅花形弹性联轴器》的规定。

（16）盘式制动器装配后应符合 JB/T 7020《电力液压盘式制动器》的规定。制动时，制动钳盘与制动盘实际接触面积不应小于 80%。

（17）鼓式制动器装配后应符合 JB/T 6406《电力液压鼓式制动器》的规定，制动轮装配后，外圆径向圆跳动应符合 GB/T 1184—1996《形状和位置公差　未注公差值》中的 9 级精度的规定。

（18）滚筒轴无损检测质最应符合下列条件。

1）不允许任何裂纹和白点。

2）单个和密集性缺陷应符合相关规定。

3）不允许存在长度大于 200mm 的单个缺陷。

4）单个缺陷的间距应大于 100mm，如果小于 100mm 时，两个缺陷长度与间距之和应小于 400mm。

5）在同一截面内，单个缺陷不应超过 3 个。

（19）滚筒外圆直径偏差应符合表 9-5 中的规定。

表 9-5   滚筒外圆直径偏差   mm

滚筒直径 D	200～400	500～1000	1250～1800
极限偏差	+1.50	+2.00	+2.50

（20）滚筒为胶面滚筒时，其胶层应与筒皮表面粘合牢固，不允许出现脱层、起泡等缺陷。

（21）当带速不小于 2.5 m/s 时滚筒应进行静平衡试验，滚筒静平衡精度等级应符合 GB/T 9239.1—2006《机械振动 恒态（刚性）转子平衡品质要求 第 1 部分：规范与平衡允差的检验》中 G40 的规定。其静平衡补偿可在滚筒接盘上采取添加材料的办法实现。

（22）滚筒装配时，轴承和轴承座油腔中应充入性能不低于 GB/T 7324—2010《通用锂基润滑脂》中规定的 2 号锂基润滑脂，轴承充脂量为轴承空隙的 1/2～2/3，轴承油腔中应充满。

（23）滚筒设计寿命不应小于 50 000h。

（24）托辊辊子使用的钢材材质不低于 GB/T 13793《直缝电焊钢管》中的规定。钢管的外径、壁厚及允许偏差、理论质量应符合表 9-6 的规定。

表 9-6   钢管的外径、壁厚及允许偏差、理论质量

外径 (mm)	壁厚 (mm)	理论质量 (kg/m)	允许偏差（mm）				同截面壁厚差
			外径		壁厚		
			较高精度 (PD. B)	高精度 (PD. C)	较扁精度 (PT. B)	高精度 (PT. C)	
63.5	3.2	4.76			±0.18	+0.08 −0.16	
63.5	4.5	6.55	±0.50	±0.30	±0.34	±0.22	
76 1	3.2	5.75			±0.18	+0.08 −0.16	≤7.5%×壁厚
76 1	4.5	7.95			±0.34	±0.22	
88.9	3.2	6.76	±0.60	±0.40	=0.18	+0.08 −0.16	
88.9	4.5	9.37			±0.34	±0.22	

外径 (mm)	壁厚 (mm)	理论质量 (kg/m)	允许偏差（mm）				同截面 壁厚差
			外径		壁厚		
			较高精度 (PD. B)	高精度 (PD. C)	较扁精度 (PT. B)	高精度 (PT. C)	
108.0	3.2	8.27	±0.60	±0.40	±0.18	+0.08 -0.16	≤7.5‰×壁厚
	4.5	11.49			±0.34	±0.22	
133.0	4.5	14.26	±0.80	±0.60	±0.34	±0.22	
	5.0	15.78			±0.38	±0.25	
159.0	4.5	17.15			±0.34	±0.22	
	5.0	18.99			±0.38	±0.25	
	6.02	22.71			±0.60	±0.45	
193.7	5.0	23.27			±0.38	±0.25	
	6.02	27.86			±0.60	±0.45	
219.1	5.0	26.40			±0.38	±0.25	
	6.02	31.63			±0.60	±0.45	

（25）托辊辊子装配时，轴承和密封圈（迷宫式密封）中应充入性能不低于 GB/T 7324—2010《通用锂基润滑脂》中规定的 2 号锂基润滑脂。轴承充脂量应为轴承空隙的 1/2～2/3，密封圈之间的空隙应充满润滑脂。

（26）托辊辊子装配后，在 500N 轴向压力作用下，辊子轴轴向位移量不得大于 0.7mm。

（27）在托辊辊子轴上施加表 9-7 规定的轴向载荷后，辊子轴与辊子辊体、轴承座、密封件等不应脱开。

表 9-7　　　　　　　　　辊子轴轴径与施加轴向力关系

辊子轴轴径（mm）	施加轴向力（N）
≤20	10 000
≥20	15 000

（28）托辊辊子（不包括缓冲辊子及其他特殊辊子）在转速不大于 600r/min 情况下，设计寿命不应少于 30 000h，在寿命期内托辊损坏率不应大于 10%。

（29）管式带状输送机使用输送带应选择专用输送带，根据使用条件，所选的输送带应满足拉伸强度要求，并应具有一定的横向刚度及柔软性。其输送带两边缘部分（搭接宽度）的橡胶应具有耐磨性。

四、管状带式输送机常见故障及处理方法

（一）管状带式输送机输送带扭带

1. 扭带原因

（1）管状带式输送机的输送带为搭接密封，当承载段为空载状态时，即"顶重"状态

时（重心在上方），容易发生扭转。

（2）安装偏差过大（如滚筒轴线与输送带中心线垂直度不够），使输送带在运行过程中两侧受力不同而造成扭转。

（3）在下雨或下雪的时候，沿线托辊的摩擦力减小，导致输送机的自动调偏功能降低，发生扭转。

（4）在转弯部分，由于输送带内侧、外侧所受应力不同，容易发生扭转。

（5）输送机转载点落料不对中而引起输送带在展开段跑偏，造成扭转。

（6）物料体积超过管径所能容纳的最大量时（过载），造成管状带式输送机胀管，导致输送带扭转。

（7）当上游设备供料不连续时，输送带容易发生扭转。

（8）当输送物料出现浆液状态时，浆液物料渗漏到输送带外表面，造成输送带与托辊的摩擦力发生变化，致使其发生扭转或反搭。

（9）输送带重合部分出现反搭时，导致其扭转。

（10）如果转弯半径及过渡段长度设计不合理，输送带容易发生扭转。

（11）输送带张紧力达不到要求时，输送带易打滑和扭转。

（12）输送带过紧时，输送带易打滑和扭转。

（13）托辊径向跳动过大或回转不良时，输送带和托辊之间的摩擦力会发生变化，易发生扭转。

（14）头部漏斗里输送物堆积时，会磨损胶带。改向、传动、重力、头部、尾部滚筒里若附着过多的输送物，会出现胶带蛇行的情况。

2. 防止扭带的措施

（1）在管带机的制造和安装过程中严格控制尺寸偏差。

（2）检查时一定要注意头尾过渡段的托辊布置及详细角度，特别是回程第一个面板。

（3）安装时要确保落料管中心落在胶带中心处，如现场无法保证，在管带机上物料的落料点处增装调料装置，例如安装挡板，使物料的落料点调整到输送带的中心。

（4）导料槽出口必须安装限料装置（槽型托辊上方），防止物料的体积超过管径所能容纳的最大量。将限料器调整到适当的位置，在物料没有超过管腔所能容纳的最大量时，限料器不起作用；当物料超过管径所能容纳的最大量时，限料器将多余的物料刮下，暂存于导料槽出口的容纳空腔中，避免了物料过多造成管带机胀管，导致输送带扭转，甚至叠带。

（5）管带机扭带调整的方法。管带机调整有几个原则必须确保，即在空载、部分载、满载启动及运行过程中，胶带的搭接位置必须遵守如下两个原则。

1）从尾部第一个 PSK 板起，在一个过渡段长度内，管带必须位于 12 点位置，偏差为±55°，搭接口不许超过上托辊两侧。

2）头部第一、二个 PSK 托辊上，管带必须位于 12 点位置，偏差为±5°，搭接口允许稍稍向右侧偏出上托辊（不允许向左偏出）。

3）回程段出、入口管带必须位于 6 点位置，偏差为±5°，搭接口不允许超过下托辊两侧。

　　4）回程转弯段搭接口不允许超过底部左、右两侧托辊中部位置。

　　5）总口诀："调头调尾，不调中；调直，不调弧"。

（二）管状带式输送机输送带展开段叠带

1. 叠带的原因

（1）叠带发生在头尾部滚筒处，主要原因为管带机沿线发生扭带，在头部展开段未正常展开，造成输送带叠带；叠带事故造成输送带损伤且恢复难度大，工作量大。

（2）输送带沿线发生反搭，造成输送带扭带，进而造成展开段叠带。

2. 防止叠带的措施方法

（1）管带机沿线扭带量调整至规定范围内。

（2）头尾部扒带辊、压带辊位置合理，数量充足。

（3）各类保护开关动作可靠。

思考题

1. 简述管状带式输送机的性能特点。

2. 简述管状带式输送机的工作原理。

3. 简述管状带式输送机填充系统的要求。

4. 简述管状带式输送机扭带的主要原因。

参 考 文 献

［1］望亭发电厂．660MW 超超临界火力发电机组培训教材　燃料分册［M］．北京：中国电力出版社，2016．

［2］山西漳泽电力股份有限公司．300MW 级火力发电厂培训丛书　输煤设备及系统［M］．北京：中国电力出版社，2015．

［3］电力行业职业技能鉴定指导中心．输煤机械检修［M］．北京：中国电力出版社，2013．

［4］周本省．工业水处理技术［M］．北京：化学工业出版社，2010．

［5］国电太原第一热电厂．300MW 热电联产机组技术丛书输煤系统和设备［M］．北京：中国电力出版社，2008．